基于"五实育人"的土木类专业人才培养模式研究与实践

赵中华 于明鑫 齐庆会 田 悦 等著

化学工业出版社

·北京·

内容简介

本书作为人才培养模式研究的著作，将理论研究和案例分析相结合，以案例分析为主，介绍了"五实育人"的高校应用型人才培养模式，并以沈阳城市建设学院土木工程学院为例，系统阐述了"一主一中四结合"的土木类应用型人才培养模式的实践情况，为同类高校的应用型人才培养提供了借鉴。

本书可供高等教育研究者、应用型高等院校专业负责人和土木类专业教师等借鉴参考。

图书在版编目 (CIP) 数据

基于"五实育人"的土木类专业人才培养模式研究与实践 / 赵中华等著 . 一北京：化学工业出版社，2023.4
  ISBN 978-7-122-42751-9

Ⅰ.①基… Ⅱ.①赵… Ⅲ.①土木工程 - 专业人才 - 人才培养 - 培养模式 - 研究 - 中国 Ⅳ.①TU

中国国家版本馆 CIP 数据核字 (2023) 第 019666 号

责任编辑：彭明兰
文字编辑：冯国庆
责任校对：宋玮
装帧设计：刘丽华

出版发行：化学工业出版社
        （北京市东城区青年湖南街 13 号　邮政编码 100011）
印　　装：北京科印技术咨询服务有限公司数码印刷分部
710mm×1000mm　1/16　印张 10³/₄　字数 198 千字
2023 年 8 月北京第 1 版第 1 次印刷

购书咨询：010-64518888
售后服务：010-64518899
网　　址：http://www.cip.com.cn
凡购买本书，如有缺损质量问题，本社销售中心负责调换。

定　　价：88.00 元　　　　　　　　　　版权所有　违者必究

全面深化改革是我国当前提出的重大战略举措，高等教育综合改革也是其中的重要组成部分。高等教育综合改革中最直接、最明确的要求和任务就是坚持育人为本，转变教育理念，创新人才培养机制，从根本上解决"培养什么样的人、如何培养人以及为谁培养人"的问题。其中，"培养什么样的人"是目的和根本，"如何培养人"是途径和载体。如何有效解决这三个基本问题正是教育工作的责任和使命。

在人才培养的过程中，知识是基础，实践是由"知"转化为"行"的纽带。理论知识只有通过与生产实践相结合才能达到知行合一。高校既要坚持教书育人，更要坚持实践育人，要切实改变重理论轻实践、重知识传授轻能力培养的观念，注重学思结合，注重知行统一，注重因材施教。"五实育人"正是基于以上理念和土建行业特色所构建的创新型人才培养模式。

沈阳城市建设学院土木工程学院长期以来培养服务城乡建设、面向土建行业及相关领域基层一线全面发展的应用型人才，本书积累了此项工作的研究成果，并结合实际案例撰写而成。著作的主要内容是以"五实育人"为主线，以课堂教学改革为中心，通过实施校企结合、实虚结合、课岗证结合、团赛结合的特色模式，从而实现全面提高学生学习能力、应用能力与综合能力的目标，具有较高的学术价值，能为土木类专业人才培养提供借鉴。

中国工程院院士：冯夏庭

序

前·言

近年来随着中国社会经济的快速发展，国家大规模基础设施的建设，土建行业对应用型人才需求日益增长，应用型人才培养模式成为高校的研究重点，构建多样化的人才培养模式、培养面向工程一线的应用型人才势在必行。

本书是在该背景下，结合作者15年教学实践中逐渐总结出来的土木类专业人才培养模式，大量的教学实践证明其符合土木类专业应用型人才培养的要求，在此教学研究与实践基础上编写而成，并获得辽宁省教学成果奖。

全书共有7章，第1章介绍了人才培养模式研究——一主一中四结合；第2章介绍了"五实育人"的思想内涵与实践；第3章介绍了课堂教学改革；第4章介绍了校企结合；第5章介绍了实虚结合；第6章介绍了课岗证结合；第7章介绍了团赛结合；附录中介绍了4个成功的典型实践故事。

本书由赵中华、于明鑫统稿完成，由李璎昊负责全书的整理工作，具体编写分工如下：第1章（赵中华）；第2章（于明鑫、岳川云、佟舟）；第3章（田悦、陈苗、马丽珠、李松）；第4章（齐庆会、李璎昊、郭春蕾）；第5章（岳川云、党晓斌、常乐）；第6章（张春梅、刘雪婷、白锐）；第7章（杨楠、刘爱霞、魏丹、赵春阳）；附录（赵中华、于明鑫）。

在本书的编写过程中，得到了沈阳城市建设学院校长马凤才教授等校领导的大力支持，中国工程院院士冯夏庭先生为本书作序，特此感谢。

由于作者水平有限，书中难免有不足之处，敬请读者批评指正。

教授

2022年10月

目　录

第**1**章

人才培养模式研究—— 一主一中四结合

1.1 基于"五实育人"的土木类专业人才培养模式研究背景

1.1.1 研究背景与意义

当前，我国高等教育已成为世界上最大的高等教育体系，高等学校土木类专业本科教育发展为我国经济建设做出了重要的贡献，但在新常态的经济发展过程中，面对土木类专业人才培养与供求关系的巨大变化，高等教育结构性矛盾更加凸显，存在同质化趋势严重，生产一线应用型、复合型、创新型人才紧缺且人才培养机制尚未健全，人才培养结构和质量与经济结构调整和产业升级要求不相适应等问题。基于我国经济快速发展及大规模基础设施建设的背景下，在"十四五"建筑业发展规划战略指引下，多元化的土木类应用型人才需求日益增长，产业转型升级对地方本科高校培养应用型人才提出了新的要求。人才培养模式已成为高校的研究重点，构建多样化的人才培养模式、培养面向工程一线的应用型人才势在必行。

沈阳城市建设学院全面贯彻国家及辽宁省中长期教育改革和发展规划纲要、教育部全面提高高等教育质量工作会议精神，落实"立德树人"的根本任务，按照工程教育认证要求，聚焦学校定位"重点服务城市现代化建设、美丽乡村建设和新兴产业"，以土木类专业优势为抓手，通过产教融合、校企合作途径，依托人才培养方案的"五模块、一拓展"，使各环节在培养学生全过程中落到实处，全面提高学生的应用能力与综合素质。

土木工程学院坚持办学特色，系统构建土木类专业应用型特色人才的培养模式，着力解决人才培养目标和人才培养思路问题、解决人才培养模式理论与实践结合深度问题、解决人才培养过程中"产学研用"融合差异化问题。坚持问题导向、理实结合，以"五实育人"为主线，即：带着真实问题学，对着真实技术练，按着真实岗位训，拿着真实项目做，照着真实情境育，将培养学生的全过程落到实处，实现从单一知识传授到培养学生成长成才，从理论教学到实践训练，从知识积累到能力增强，全方位提升培养质量。实施以深化产教融合、推进校企协同育人为路径，构建"主体多元、模式灵活、校企共赢、社会满意"的合作育人体系，企业深度参与人才培养的全过程，全面提高学生的应用能力。

1.1.2　人才培养模式的含义

人才培养模式是指在一定的现代教育理论、教育思想指导下，按照特定的培养目标和人才规格，以相对稳定的教学内容和课程体系、管理制度和评估方式，实施人才教育过程的总和，具体包括以下四层含义：

① 培养目标和规格；

② 为实现一定的培养目标和规格的整改教育过程；

③ 为实现这一过程的一整套管理和评估制度；

④ 与之匹配的科学的教学方式、方法和手段。

人才培养模式主要包括人才培养思路和"产学研"合作教育两个方面。人才培养思路主要包括是否坚持育人为本，是否注重学生思想品德教育，是否注重培养学生的社会责任感；专业层面对应用型人才的规格要求是否清晰，人才培养模式是否有效，培养方案是否注重德育为先、能力为重，能否积极开展教学改革、探索因材施教等。"产学研"合作教育主要为学校主动服务地方经济发展，有明确的服务面向和具体的服务对象，人才培养以业界为主导，与业界建立长期、稳定、互动的合作关系，效果如何。合作教育形式可以多种多样，包括合作办学、合作育人、合作就业、合作发展等。

1.1.3 学校人才培养模式

1.1.3.1 人才培养思路

（1）依据学校办学定位，明确人才培养思路

学校主动适应区域经济社会发展需要，明确学校办学定位，理清人才培养思路；贯彻"育人为本、德育为先、能力为重、全面发展"的育人理念，落实立德树人的根本任务，以产教融合、校企合作为途径，以"五实育人"模式为主线，以自我评估制度为保障，培养面向基层、服务一线、专业基础扎实、应用能力强、综合素质高的应用型人才。

（2）以"五实"教育为主线，构建多样化的应用型人才培养模式

学校引导各教学单位深化教学改革，促进转型发展。各院系根据不同专业所面向的行业背景，以"五实"教育为主线，积极探索构建多样化应用型人才的培养模式。

（3）"五育"并举，促进学生全面发展

学校坚持德、智、体、美、劳"五育"并举，落实立德树人的根本任务，充分发挥思政课在学生思想道德方面"培根铸魂"的主渠道作用，挖掘专业课程中的思政元素，广泛实施课程思政；以"五实"教育为主线，以校企合作为途径，着力提高学生的应用能力。

（4）坚持因材施教，促进学生个性发展

关注学生不同特点和个性差异，注重挖掘学生的优势与潜能，开展课程教学改革。各专业人才培养方案中至少开设两个专业方向，设置专业方向限选课和专业任选课，满足学生个性化发展需要。

1.1.3.2 "产学研"合作教育

（1）完善校企合作工作机制

学校成立行业企业专家参加的教学工作委员会、校企合作委员会，共建教学资源、合作培养人才，全方位合作，互惠共赢，协调发展。

（2）建立稳定的"产学研"合作基地

学校与辽宁省土木建筑学会、辽宁省测绘地理信息协会、中冶沈勘工程技术有限公司及南方测绘股份有限公司等建立稳定的合作关系，建立稳定的"产学研"合作基地，覆盖本科相关专业，开展"产学研"合作教育，覆盖本科相关专业。

（3）校企合作深度稳步推进

学校强力推进产教深度融合，着力构建"主体多元，模式灵活，校企共赢，社会满意"的"产学研"合作育人体系。土木工程学院与广州南方测绘股份有限公司共建先进的虚拟仿真实验中心等，获批教育部"产学研"合作协同育人项目等，企业深度参与人才培养全过程，全面提高学生的应用能力。

1.2 基于"五实育人"的土木类专业人才培养思路

1.2.1 立德树人，落实工程认证理念

根据学校办学定位，明确人才培养思路：贯彻"育人为本、德育为先、能力为重、全面发展"的育人理念，落实"立德树人"的根本任务，贯彻工程教育认证的三大理念：以学生为中心、成果导向、持续改进。以学生为中心是宗旨，成果导向是要求，持续改进是机制。

1.2.2 "五实育人"，深化课堂教学改革

土木类专业应用型人才培养面向土建行业及相关领域基层一线岗位，坚持以"五实育人"的人才培养为主线，深化课堂教学改革，以模块化课程建设为载体，深入开展教学内容和方法改革，注重培养学生过程的"真实"性。

1.2.3 精技善建，强化应用能力

土木类专业根据应用型人才培养要求，秉承"精技善建"精神，"精技"是核心能力，"善建"是专业目标。坚持"心中想着基层、眼睛盯着一线"的理念，强化学生应用能力，让学生主动适应社会需求，将学生培养成优秀的土建工程师，为城

市现代化建设服务。

1.2.4 因材施教，促进学生全面发展

土木类专业应关注学生的不同特点和个性差异，注重挖掘学生的优势潜能，在各专业人才培养方案中都开设两个专业方向，满足学生个性化培养需要；大力倡导学生参加各类竞赛、社团活动，拓展学生综合素质；丰富网络教学平台上的课程资源，提高实验实训中心开放程度，为学生自主学习提供平台，促进学生全面发展。

1.3 基于"五实育人"的土木类专业人才培养模式主要解决的教学问题

1.3.1 解决人才培养目标和人才培养思路

教育最根本的问题是解决"培养什么样的人、如何培养人、为谁培养人"的问题。教育成果着力落实"立德树人"的根本任务，按照企业和行业需求确定应用型人才培养目标与培养规格，基于OBE（outcome based education，成果导向教育）理念，按照工程教育认证要求和"五实育人"需要，为服务地方区域发展培养应用能力强、综合素质高、技术创新能力强的应用型人才。

1.3.2 解决人才培养模式理论与实践深度融合

坚持问题导向、理实结合，以"五实育人"为主线将培养学生的全过程落到"实"处。实现从单一知识传授到培养学生成长成才，从理论教学到实践训练，从知识积累到能力增强，全方位提升培养质量。

1.3.3 解决人才培养过程中"产学研用"融合差异化问题

面对人才培养质量与产业升级要求不相适应的问题，土木类专业以深化产教融合、推进校企协同育人为路径，构建"主体多元、模式灵活、校企共赢、社会满意"的合作育人体系，企业深度参与人才培养全过程，全面提高学生应用能力。

1.4 基于"五实育人"的土木类专业人才培养模式解读

1.4.1 构建"思业融合"的"五位一体化"专业群建设平台

以专业群为基础，构建应用型人才培养平台（图1-1），实施"教学资源共享平台""实习基地共享平台""实验实训共享平台""教学团队共享平台""社会服务平台"的"五位一体化"建设。

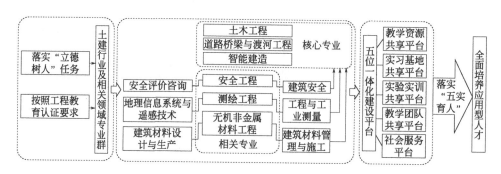

图1-1 土木类专业"五位一体化"人才培养平台

落实"立德树人"的根本任务，实施"思业融合"的"大思政、大格局"人才培养思路，即"课程思政"与学科专业建设协同发力，基于OBE理念，按照工程教育认证要求和"五实育人"需要，构建课程体系，将价值塑造、知识传授、能力培养融为一体，构建全员、全过程、全方位人才培养大格局。

根据市场和行业需求，精准应用型人才培养目标与定位，以服务城乡建设，面向土建行业及相关领域基层一线为定位。培养从事本专业领域的施工、管理、设计等岗位，而且专业基础扎实、应用能力强、综合素质高、全面发展的应用型人才。

1.4.2 构建"五实育人"为主线的"一主一中四结合"人才培养模式

以培养面向土建行业及相关领域基层一线全面发展的应用型人才构建特色育人模式为驱动，系统构建以"五实育人"为主线的土木类专业"一主一中四结合"应用型特色人才培养模式（图1-2）。坚持以"五实育人"为主线，以深化课堂教学改革为中心，通过实施校企结合、课岗证结合、实虚结合、团赛结合等，全面提高应用型人才的培养质量。

1.5 基于"五实育人"的土木类专业产学研合作教育

基于"五实育人"的土木类专业"产学研"合作教育主要通过搭建校企合作平台，共建实践教育基地，深化"产学研"合作教育，共建应用型专业和共同培养应用型人才，完善校企双向聘任机制，共建"双师型"教学团队，落实"五实育人"。

1.5.1 搭建校企合作平台，共建实践教育基地

土木类专业搭建合作平台，积极与行业企业等多元主体共建合作平台，积极开展"产学研"合作，目前与企事业单位合作共建了37个稳定运行的实习实训基地，覆盖全部本科专业，助力地方各专业企业人才培养。

土木类专业将校企合作平台作为"产学研"合作教育的主阵地，与学科专业关系密切的行业企业建立广泛的联系，在共同建设学生实习实训基地的基础上，根据企业特点，深化合作内容，形成多层次、多类型的校企合作平台，加强校企合作平台建设。加大校外实践教学基地建设力度，规范和完善基地管理，各专业积极与企事业单位合作，开展实习实训教育教学。每年组织学生参加企业的专业实践，到企业实践锻炼，提高实践能力。与部分高校和企业建立人才输送机制，保证社会对人才的需求，培养一批优秀的毕业生走向工作岗位，为地方经济社会发展服务。其中，与中冶沈勘工程技术有限公司、广州南方测绘科技股份有限公司等企业共建的实习实训基地，获批为辽宁省大学生实践教育基地。

1.5.2 深化"产学研"合作教育，共建应用型专业和共同培养应用型人才

土木类专业拓展校企合作领域，丰富合作内容。合作育人、合作发展，共建应用型专业。建立有行业企业技术、管理人员参加的专业建设指导委员会；建立以市场、企业需求为导向的专业开发与调整体系；校企共同开展市场调研，寻找专业共同发展方向。与企业共享行业企业资源，校企共建、共管、共享实践教学基地，提高应用型人才培养的适应性。共同开发应用型课程和企业实践教学环节。按照应用型人才培养目标，以应用能力培养为导向，以技术为核心，引入行业标准，开发面

向行业和面向地方的应用型特色课程，编写特色教材。

土木类专业积极开展"产学研"合作教育，将学校教学、企业生产、为企业的技术服务、技术攻关融合在一起，真正实现了"教学做一体"的"产学研"结合。深入开展校企合作，与企业共同培养应用型人才。邀请企业工程技术人员参与专业人才培养方案的制定，参与课程与教学资源建设，校企合作开展施工现场教学，企业技术人员走进高校讲堂，开展讲座、指导学生毕业设计。和企业在产品研发、技术咨询、人员培训、项目申报等方面开展合作。土木工程学院与中冶沈勘工程技术有限公司、广州南方测绘科技股份有限公司等知名企业深入开展校企合作。

土木类专业校企共同承担横向项目，开展技术与科技服务。积极开展科技成果的转化，使科技成果直接应用于生产实践；开展联合课题、"产学研"合作项目研究等，共同解决行业企业的技术问题，实现合作共赢；利用专业技术优势，为行业企业发展服务。

1.5.3 完善校企双向聘任机制，共建"双师型"教学团队

土木类专业通过双向聘任机制，加强师资队伍建设，提高"双师型"教师的比例。一方面选派教师深入企业学习，开展调研、实践锻炼等，参与并承担企业研究开发项目；另一方面引进企业工程技术或管理人员，参与专业整个人才培养过程，来我校进行讲座以及毕业设计等相关工作，充实专业教师队伍。实现双方互聘教师和工程师，促进教师与行业企业、实务部门人员的相互交流、相互融合。专业教师和企业工程技术与管理人员相互配合、相互促进，共同完成合作项目。

1.6 基于"五实育人"的土木类专业人才培养模式创新点

聚焦应用型人才培养模式，彰显特色培育"五实育人"成果，形成了土木类专业特色人才培养模式，提高学生的应用能力，实现全面培养应用型人才目标。

1.6.1 理念创新：提出"五实育人"的应用型人才培养新理念

根据高等教育应用型办学转型发展要求，坚持落实立德树人的根本任务，德、智、体、美、劳"五育"并举，深化教学改革，经长期办学实践，创新总结出"五实育人"应用型人才培养新理念，从宏观层面和微观层面丰富"五实育人"的内涵建设，贯穿人才培养全过程和教学环节，着力提高学生的应用能力和综合素质，把应用型人才培养全过程落到实处。成果实施"思业融合"的"大格局"人才培养理念，使"课程思政"与学科专业建设协同发力，按OBE理念成果导向进行教学设计，实现全员、全过程、全方位人才培养大格局。

1.6.2 模式创新：构建"一主一中四结合"应用型人才培养模式

以培养面向土建行业及相关领域基层一线全面发展的应用型人才构建特色育人模式为驱动，创新构建土木类专业"一主一中四结合"的特色应用型人才培养模式，即：坚持以"五实育人"为主线，以课堂教学改革为中心，通过实施校企结合、实虚结合、课岗证结合、团赛结合等方式，实现培养过程"理实深度融合"，全面培养应用型人才，彰显应用型人才培养质量，模式和方案具有创新性及示范性。

1.6.3 路径创新：设计"校企协同育人、融合特色发展"的应用型人才培养路径

聚焦学生成长需要和社会行业需求，对接建筑产业链，创新设计"校企协同育人、融合特色发展"应用型人才培养路径，建设行业特色鲜明、与产业联系紧密的智能建造现代产业学院，依托知名企业开展特色订单式人才培养等，打造"五实育人"真实育人情境，构建集产、学、研、转、创、用"六位一体"实体特色育人路径，实现全方位、全过程、深度融合协同育人，涵盖了学生培养的多元需求，提供了应用型人才培养路径推广范式。

1.7 应用与推广

1.7.1 应用型人才培养质量显著提高

1.7.1.1 学生应用能力明显提升

开展了以"五实育人"为主线的土木类专业"一主一中四结合"应用型人才特色培养模式。成果应用于2016 ～ 2021级的5个本科专业学生培养，人才培养模式推广辐射院校超5000名学生。学生按照真实问题、真实技术、真实岗位、真实项目、真实情境进行真题真做，应用能力明显提升。学生就业率逐年提升，用人单位对毕业生整体满意度在95%以上，社会成员对在校生和毕业生培养质量评价优秀。

1.7.1.2 团赛结合成绩斐然

打造学科竞赛品牌，从校赛全员积极参与到省赛、国赛获奖，形成以赛促教、以赛促学、以赛促建局面。获辽宁省普通高等学校本科大学生结构设计竞赛一等奖、全国大学生结构设计竞赛二等奖等省级以上14项，获国家、省级大学生创新创业项目18项，学生培养成效明显。

1.7.1.3 校企结合成效显著

建设行业特色鲜明、与产业联系紧密的智能建造产业学院，开展了"金广班""中天班""五建东北班"特色订单班，获批辽宁省大学生实践教育基地、教育部校企协同育人项目等，深化"产学研"合作教育，建设"双师型"队伍，实现"校企协同育人、融合特色发展"。

1.7.2 助力土木类一流专业整体建设

构建"思业融合"的"五位一体化"专业群建设平台，成功孵化出辽宁省一流专业建设点、省级实践教学基地、教育部"产学研"合作项目、省一流本科课程，获得省级以上项目、奖项等，打造了一流的建设高地。

1.7.3　"五实"系列教学成果成效显著

1.7.3.1　教学改革成果丰硕

主持辽宁省高等教育教学改革研究项目"基于产教协同的土木工程专业应用型人才培养模式研究与实践"、辽宁省教育科学规划项目"基于校企联盟的土木类人才培养模式研究"等16项，教学改革取得实质性研究成果，获辽宁省教学成果二等奖（图1-6）、省信息化大赛三等奖、省优秀论文一等奖等20项教学获奖，发表相关研究论文27篇。

图1-6　辽宁省教学成果奖照片

1.7.3.2　著作、应用型教材成果显著

研究过程中，编写"五实"系列著作教材12部，著作《基于"五实育人"的土木类专业人才培养模式研究与实践》，应用型系列教材《工程地质学》《实用工程测量》等，教材在本校和相关院校推广应用。

1.7.4　学校社会影响力彰显

行业企业对土木类应用型人才培养模式和培养质量高度认同，辽宁省土木建筑学会、辽宁省建筑业协会等给予肯定，铁岭市电视台对校企合作做了专题报道。取得的学科竞赛得到高校同行高度认同，社会评价较高。

1.7.5　具有示范性和推广性

本研究提供土木类专业应用型人才培养模式推广范式。我校已与东北大学、沈阳建筑大学、沈阳工业大学、沈阳农业大学、辽宁科技大学、大连理工大学城市学院等高校建立校际合作关系，就高水平土木类人才培养模式进行交流，多所高校到我校土木工程实验实训中心参观、实施资源共享，具有示范性和推广价值。

第**2**章
"五实育人"的思想内涵与实践

《冬夜读书示子聿》

（南宋）陆游

古人学问无遗力，少壮工夫老始成。

纸上得来终觉浅，绝知此事要躬行。

这首诗是由南宋诗人陆游写给自己小儿子陆子聿的一首七言绝句，既寄托了陆游的殷切期望，也蕴含着陆游的教育思想理念。这种理念与"五实育人"的内涵相统一。

"五实育人"的人才培养模式是沈阳城市建设学院基于建筑产业链行业特色所构建的特色育人方法。而以"实"育人，或者说"知行合一""实践育人"等，则有着悠久历史和长期的演进过程，正是这些历史的厚重积淀，才有了"五实育人"的人才培养模式。

2.1 "五实育人"的思想基础

2.1.1 "五实育人"的古代思想基础

从我国历史上看，"五实育人"等的育人方法，经历了一个不断发展的过程，不同阶段存在不同的思想内涵，都体现了"五实育人"方法思想基础的发展演进历程。

"知行合一"这一观点是"五实育人"的重要理论基础。"知行合一"是由明朝思想家王守仁提出的，《传习录》有云："夫学问、思、辨、行皆所以为学，未有学而不行者也。如言学孝，则必服劳奉养，躬身孝道，然后谓之学。岂徒悬空口耳讲说，而遂可以谓之学孝乎？学射则必张弓挟矢，引满中的。学书则必伸纸执笔，操觚染翰。尽天下之学，无有不行而可以言学者。则学之始，固已即是行矣。笃者，敦实笃厚之意。已行矣，而敦笃其行，不息其功之谓尔。盖学之不能以无疑，则有问，问即学也，即行也。又不能无疑，则有思，思即学也，即行也。又不能无疑，则有辨，辨即学也，即行也。辨既明矣，思既慎矣，问既审矣，学既能矣，又从而不息其功焉，斯之谓笃行。非谓学问思辨之后，而始措之于行也。是故以求能其事而言谓之学，以求解其惑而言谓之问，以求通其说而言谓之思，以求精其察而言谓之辨，以求履其实而言谓之行。盖析其功而言则有五，合其事而言则一而已。此区区心理合一之体，知行并进之功，所以异于后世之说者，正在于是。"王守仁认为认识事物的道理与实践密不可分，但这种思想并不是他的首创，"知"与"行"的关系自古以来就一直被各代思想家研究和讨论过。

《尚书·说命中》："王曰：'旨哉！说，乃言惟服。乃不良于言，予罔闻于行。'说拜稽首曰：'非知之艰，行之惟艰。王忱不艰，允协于先王成德，惟说不言有厥咎。'"提出了"非知之艰，行之惟艰"的观点。

《论语·学而中》有："子曰：'学而时习之，不亦说乎？有朋自远方来，不亦乐乎？人不知而不愠，不亦君子乎？'"。《论语·公冶长》也有："宰予昼寝，子曰：'朽木不可雕也，粪土之墙不可圬也！于予与何诛？'子曰：'始吾于人也，听其言而信其行；今吾于人也，听其言而观其行。于予与改是。'"提出了"学而时习"和"听其言观其行"的观点。

《礼记·中庸上》有："博学之，审问之，慎思之，明辨之，笃行之。有弗学，学之弗能，弗措也。有弗问，问之弗知，弗措也。有弗思，思之弗得，弗措也。有弗辨，辨之弗明，弗措也。有弗行，行之弗笃，弗措也。人一能之，己百之；人十能之，己千之。果能此道矣，虽愚必明，虽柔必强。"强调了"笃行"。

《荀子·儒效》也有："不闻不若闻之，闻之不若见之，见之不若知之，知之不若行之。学至于行之而止矣。行之，明也；明之为圣人。圣人也者，本仁义，当是非，齐言行，不失毫厘，无他道焉，已乎行之矣。故闻之而不见，虽博必谬；见之而不知，虽识必妄；知之而不行，虽敦必困。不闻不见，则虽当，非仁也。其道百举而百陷也。"强调了"知之不若行之"。

司马光在《答孔文仲司户书》中提出："学者贵于行之，而不贵于知之；贵于有用，而不贵于无用。"强调了"行"贵于"知"。

朱熹在《朱子语类·大学一》中提出："知与行，工夫须著并到。失之愈明，则行之愈笃；行之愈笃，则知之益明。二者皆不可偏废。如人两足相先后行，便会渐渐行得到。若一边软了，便一步也进不得。然又须先知得，方行得。所以大学先说致知，中庸说知先於仁、勇，而孔子先说'知及之'。然学问、慎思、明辨、力行，皆不可阙一。"又在《朱子语类·学三·论知行》中提出："知行常相须，如目无足不行，足无目不见。论先后，知为先；论轻重，行为重。论知之与行，日：'方其知之而行未及之，则知尚浅。既亲历其域，则知之益明，非前日之意味。'圣贤说知，便说行。大学说'如切如磋，道学也'；便说'如琢如磨，自修也'。中庸说'学、问、思、辨'，便说'笃行'。颜子说'博我以文'，谓致知、格物；'约我以礼'，谓'克己复礼'。致知、力行，用功不可偏。偏过一边，则一边受病。如程子云：'涵养须用敬，进学则在致知。'分明自作两脚说，但只要分先后轻重。论先后，当以致知为先；论轻重，当以力行为重。"都是强调"知""行"不可偏废和"致知为先，力行为重"。

在王守仁"知行合一"的思想发展下，清代王夫之在《礼记章句·中庸衍》也提出："诚明相资以为体，知行相资以为用。唯其各有致功，而亦各有其效，故相资以互用。则于其相互，益知其必分矣。同者不相为用，资于异者乃和同而起功，此定理也。"表明了其"知行相资"的思想。

以上"非知之艰，行之惟艰""学而时习""听其言观其行""笃行""知之不若行之"、"知"贵于"行"、"知""行"不可偏废、"致知为先，力行为重"，以及"知行合一"和"知行相资"，都是"五实育人"的重要古代思想基础。

2.1.2 "五实育人"的近现代思想基础

近现代以来，教育思想经历了翻天覆地的变化。中国共产党领导人高度重视理论教育与实践相结合，也成为"五实育人"重要的思想基础。例如1957年2月27日的最高国务会议第十一次（扩大）会议上，明确指出了社会主义教育方针，确立了"德育、智育、体育"和培养"劳动者"的基本要求。1958年9月19日中共中央、国务院颁布《中共中央、国务院关于教育工作的指示》，将教育与实践和劳动紧密结合在一起。1961年9月中宣部和教育部党组联合颁发《教育部直属高等学校暂行工作条例(草案)》（简称《高教六十一条》），对教育方针做出了调整，明确提出"现场教学""结合生产实际"等要求。

2.1.3 "五实育人"的当代政策要求

2005年1月1日，教育部印发《关于进一步加强高等学校本科教学工作的若干意见》明确指出："大力加强实践教学，切实提高大学生的实践能力。高等学校要强化实践育人的意识，区别不同学科对实践教学的要求，合理制定实践教学方案，完善实践教学体系。要切实加强实验、实习、社会实践、毕业设计（论文）等实践教学环节，保障各环节的时间和效果，不得降低要求。大学生毕业设计（论文）要贴近实际，严格管理，确保质量。要不断改革实践教学内容，改进实践教学方法，通过政策引导，吸引高水平教师从事实践环节教学工作。要加强产学研合作教育，充分利用国内外资源，不断拓展校际之间、校企之间、高校与科研院所之间的合作，加强各种形式的实践教学基地和实验室建设。教育部将适时启动基础课程实验教学示范中心建设项目，推动高校实践环节教学改革，并把实践教学作为教学工作评估的关键性指标。"

2007年2月17日，教育部印发《教育部关于进一步深化本科教学改革全面提高教学质量的若干意见》，文件指出"以社会需求为导向，合理设置学科专业。要从国家经济社会发展对人才的实际需求出发，加大专业结构调整力度，优化人才培养结构。研究建立人才需求的监测预报制度，定期发布高等教育人才培养与经济社会需求状况，引导高等学校及时设置、调整专业和专业方向，密切与社会用人单位的联系，培养满足国家经济社会需要的各种专门人才。要根据国家对各专业建设的要求，在进一步拓宽专业口径的基础上，大力倡导在高年级灵活设置专业方向。要大力培育优势明显、特色鲜明的本科专业，加大建设力度，逐步形成专业品牌和特色。设置新的本科专业，要进行科学论证，严格履行必要程序，充分考虑职业岗位和人才需求，要有成熟的学科支撑，符合学校的办学目标和办学定位，拥有相配套的师资条件、教学条件和图书资料等，并投入必需的开办经费，加强对新设置专业的建设和管理。"文件同时指出："密切与产业和行业的联系，加强紧缺人才培养。高等学校要根据我国经济社会发展，尤其是相关产业和行业对专门人才的实际需求，加强紧缺人才培养工作。要加强与产业和行业的结合，充分发挥行业主管部门和企业的作用，加大紧缺人才培养力度，为产业部门提供人才和智力支持。各级教育行政部门要采取政策引导、信息发布、行政规范等多种措施，加强对特殊专业的宏观调控和管理，保护特殊专业、国防急需专业、面向艰苦地区和行业的专业，扶持和培育国家急需的新兴专业。"文件明确要求："高度重视实践环节，提高学生实践能力。要大力加强实验、实习、实践和毕业设计（论文）等实践教学环节，特别要加强专业实习和毕业实习等重要环节。列入教学计划的各实践教学环节累计学分（学时），人文社会科学类专业一般不应少于总学分（学时）的15%，理工农医类专业一般不应少于总学分（学时）的25%。推进实验内容和实验模式改革和创新，培养学生的实践动手能力、分析问题和解决问题能力。要加强产学研密切合作，拓宽大学生校外实践渠道，与社会、行业以及企事业单位共同建设实习、实践教学基地。要采取各种有力措施，确保学生专业实习和毕业实习的时间和质量，推进教育教学与生产劳动和社会实践的紧密结合。"

2012年1月10日，教育部、中宣部、财政部等七部门联合下发《教育部等部门关于进一步加强高校实践育人工作的若干意见》，明确指出"进一步加强高校实践育人工作，是全面落实党的教育方针，把社会主义核心价值体系贯穿于国民教育全过程，深入实施素质教育，大力提高高等教育质量的必然要求。党和国家历来高度重视实践育人工作。坚持教育与生产劳动和社会实践相结合，是党的教育方针的重要内容。坚持理论学习、创新思维与社会实践相统一，坚持向实践学习、向人民群众学习，是大学生成长成才的必由之路。进一步加强高校实践育人工作，对于不断增强学生服务国家服务人民的社会责任感、勇于探索的创新精神、善于解决问题的实践能力，具有不可替代的重要作用；对于坚定学生在中国共产党领导下，走中国特色社会主义道路，为实现中华民族伟大复兴而奋斗，自觉成为中国特色社会主义合格建设者和可靠接班人，具有极其重要的意义；对于深化教育教学改革、提高人才培养质量，服务于加快转变经济发展方式、建设创新型国家和人力资源强国，具有重要而深远的意义。进入21世纪以来，高校实践育人工作得到进一步重视，内容不断丰富，形式不断拓展，取得了很大成绩，积累了宝贵经验，但是实践育人特别是实践教学依然是高校人才培养中的薄弱环节，与培养拔尖创新人才的要求还有差距。要切实改变重理论轻实践、重知识传授轻能力培养的观念，注重学思结合，注重知行统一，注重因材施教，以强化实践教学有关要求为重点，以创新实践育人方法途径为基础，以加强实践育人基地建设为依托，以加大实践育人经费投入为保障，积极调动整合社会各方面资源，形成实践育人合力，着力构建长效机制，努力推动高校实践育人工作取得新成效、开创新局面。"

总结"五实育人"教育模式的发端，我们发现这种教学模式的演进经历了一个长期发展的过程，从中国古代的"知行合一"到"实践育人"，"五实育人"模式也应运而生。古代、近现代相关教育思想与当代的政策要求正是"五实育人"工作的理论基础和源头活水。

2.2 "五实育人"的内涵

近年来，沈阳城市建设学院根据应用型办学要求，大力推进转型发展，坚持落实立德树人的根本任务，德、智、体、美、劳"五育"并举，深化教学改革。经长期办学实践，总结出以"五实"为特色的育人模式，旨在以"五实"理念为主线，探索构建多样化应用型人才培养模式，着力提高学生的应用能力，适应社会发展需要。

在宏观层面，坚持以"五实"为主线，贯穿人才培养全过程；在微观层面，将"五实育人"落实到每个教学环节。

各专业依据岗位面向，确定专业人才培养目标、毕业要求，构建课程体系，实施课程教学。在实施人才培养过程中，每一个学年、每一个学期、每一门课程，都要从找准真实问题出发，明确真实技术，进入真实岗位，选定真实项目，创设真实情境，通过扎实实施"五实"教育，全面提高学生的应用能力和综合素质，把立德树人的根本任务以及培养应用型人才落到实处。

总之，"五实育人"就是以深厚的思想文化和哲学内涵为基础，遵循教育规律和大学生成长规律，立足学校和学生实际，旨在培养专业基础扎实、应用能力强、综合素质高的全面发展的人才的教育活动，它代表的是一种新的思维方式、新的教育观和新的育人模式。

2.3 "五实育人"的实践

"五实育人"一经提出后，沈阳城市建设学院各专业开展了全面落实。以下以土木工程专业和道路桥梁与渡河工程专业为例，介绍"五实育人"的开展情况。

2.3.1 土木工程专业"五实育人"实践情况

2.3.1.1 带着真实问题学

从学生入学开始，通过入学教育、认识实习、班导师主题指导、专业社团等一系列活动，让学生在对本专业有了基本认识的基础上能够提出问题并始终带着问题探索、学习。

（1）入学教育

土木工程专业非常注重新生的入学教育，在大学伊始就组织老师对学生进行专业介绍，通过系统的讲解和交流让学生了解本专业的培养目标、专业方向、课程体系、就业岗位、就业方向、就业能力等信息，让学生在充分认识本专业的基础上，带着真实的问题学，热爱自己的专业，对大学四年学习和未来职业生涯规划起到关键的指导作用，如图2-1所示。

（2）认识实习

土木工程专业的认识实习开设在第2学期，是土木工程专业本科教学计划中的一个重要的实践性教学环节。通过实习，同学们对所学专业的性质和特点有了初步了解，增强学生在学习期间的责任感和使命感，了解即将学习的专业知识和实际应用之间的关系，培养学生在实践中学习的方法和能力，是课堂教学的必要补充。同时也加强了学生的劳动观念、实践观念和集体观念，加强了学生分析问题、解决问题和独立工作的能力。其任务是：接触社会，开阔眼界，了解专业，从而使学生热爱自己所学的专业，加强学生学习各类课程的目的性。

（3）班导师及社团指导活动

土木工程专业为各个班级设立班导师，每个社团都配有指导教师，班导师与社团指导老师，主要为班级同学及社团成员针对专业特点、课程设置、就业前景、社团活动的提议等内容进行答疑解惑，让同学们更加全面深入地了解所学专业，明确专业目标，端正学习态度，掌握专业技能。在指导过程中，班导师及社团指导老师以自身的亲身经验为同学们传授专业学习的方法与技巧。同学们结合自身情况进行个人学习计划、职业生涯规划等，并在各项活动中提升了综合素质。

图2-1　土木工程专业入学专业教育

2.3.1.2　对着真实技术练

（1）实践教学的全面展开

土木工程专业依托构建的实践教育基地，通过实验、实训、实习，让学生能够有的放矢地对着真实技术练。

① 课内实践。对于课内实践环节，学校的实训中心可以满足课内实践的所有实验、上机及实训任务。学生能够真正对着真实技术练，既巩固了理论知识，又激发了学生的学习兴趣，培养学生的动手能力。教师对课内实践进行了完善优化，增加了设计性和综合性内容。通过课内实践，学生将理论与实验、实践相结合，能够很好地完成课程学习目标。为校外实训、专业实习、毕业设计打下坚实基础。土木工程专业学生课内实验如图2-2所示。

图2-2　土木工程专业学生课内实验

② 集中实践环节。土木工程专业在每学期中依托相关课程设置了必要且丰富的集中实践环节，包括课程设计和课程实训。本专业严格按照"一人一题"的要求下发实践任务。实践证明：通过理论与实践相结合的混合式教学模式，在一定程度上提高了学生自主学习的内驱力和解决问题的能力，并增强了学生学习的获得感，能够较好地促进学生工程实践能力的培养。

理论课程结束后针对课程进行实践。如针对混凝土结构与砌体结构课程，设置单层工业厂房模型实践，学生结合课堂所学知识亲自设计并动手组装单层工业厂房模型，通过该实践，加深同学们对课堂教学内容的理解，掌握单层工业厂房的结构特点，培养学生独立分析问题和解决问题的能力，提高学生的实际动手能力，为学生今后从事相关工作打下一定的实践基础；培养学生的团队协作精神，改善学生的知识结构，拓展知识层面，增强学生的综合素质。

土木工程专业学生课内实践情况如图2-3所示。

图2-3 土木工程专业学生课内实践情况

（2）实践环节内容优化

为突出学生实践能力的培养，授课教师不断完善、优化实践环节内容及形式，尽量结合生产实际，与时俱进地提升学生对行业真实运行情况的认知，同时完成理论指导实践的综合能力和素养的提升。

2.3.1.3 按着真实岗位训

（1）专业实习

土木工程专业在第7学期开设专业实践课程，2021年专业实习学生实习单位共30余家，岗位为土建领域的施工、设计、管理、检查等。

通过专业实践活动能够提升学生的综合实践能力，为进入社会参与社会实践、生产实习、科研实践奠定了坚实的基础，是应用型人才培养的关键环节，是落实"五实育人"的重要体现，是提升学生综合实践能力的主要手段。

土木工程专业指导教师和学生在实习现场如图2-4所示。

图2-4　土木工程专业指导教师和学生在实习现场

（2）教学内容与资格考试相联系

　　土木工程专业涉及的执业（职业）资格考试繁多，据不完全统计，土木工程专业同学对国家注册二级建造师比较关注。建造师考试所涉及的科目均在课程设置范围内，在教学过程中，授课教师在以往教学大纲的基础上更加突出偏重于建造师考试内容，对重要的考点内容着重讲解，为学生在毕业后能顺利通过考试打好基础。

2.3.1.4　拿着真实项目做

土木工程专业毕业设计严格执行学校相关毕业设计文件的规定，题目全部为设计类，遵守"一人一题"的基本原则，设计100%来源于工程实践。毕业设计过程注重体现应用能力的培养，从毕业设计选题、毕业设计内容设置、毕业设计指导及质量评价等多方面、全过程进行严格把控，旨在注重理论与实践相结合，达到学以致用的目的。

土木工程专业毕业设计现已增设地下工程方向，通过调研及听取相关讲座报告，指导教师在自身丰富的实践经验的基础上继续完善、丰富毕业设计内容、类别。时刻关注社会需求及学生的实际情况，围绕应用型人才培养的目标开展毕业设计工作。

2.3.1.5　照着真实情景育

（1）大学生结构设计竞赛

积极为参加全国大学生结构设计大赛做准备，通过大力宣传引导，激发了学生参赛的积极性、主动性。通过系内笔试、实操能力的层层选拔，择优选取参加省赛名单，并由经验丰富的指导老师全程指导。在备赛中，结合所学专业课理论知识解决实际问题，不但促进理论知识的吸收，而且培养同学们的创新意识、团队合作精神及发现问题、解决问题的能力。

（2）举办土木工程学院识图、制图竞赛

识图、制图能力是土木工程专业必备的基本技能，沈阳市城市建设学院土木工程学院依托市识图、制图竞赛在系内组织此比赛。旨在提升学生的职业技能，使学生对建筑工程设计图有更加深刻的了解，并为市赛做准备。土木工程学院以识图、制图比赛为契机，推进了以赛促教、以赛促学，深化教育教学改革，并用实际行动落实我校的"五实"教育理念。

（3）社会实践

社会实践是指在校大学生为步入社会而进行社会接触，提高个人能力，触发专业能动性，对社会做出贡献的活动。将大学学习到的理论知识进行社会实践活动是每个土木学子必修的一门课程。

通过社会实践，学生除了完成指导老师要求的实践任务外，还能收获很多宝贵的经验，并切身感受到初入社会的不易及知识的重要性。通过社会实践，学生能够端正学习态度、明确学习目标，社会实践为学生在日后能够顺利毕业、就业打下坚实基础。

2.3.2　道路桥梁与渡河工程专业"五实育人"实践情况

2.3.2.1　带着真实问题学

道路桥梁与渡河工程专业，第1学期对学生进行专业教育，通过系统的讲解和交流，让学生在大学伊始就了解本专业的培养目标、专业方向、课程体系、就业岗位、就业方向等信息，建立大学学业规划思路，明确大学四年的学习目标与发展方向。道路桥梁与渡河工程专业学生专业教育如图2-5所示。

图2-5　道路桥梁与渡河工程专业学生专业教育

道路桥梁与渡河工程专业的认识实习主要在第2学期进行，该集中实践环节主要引领学生对所学专业的性质和特点有初步了解，增强学生在学习期间的责任感和使命感，了解即将学习的专业知识和实际应用之间的关系，为今后的学习指明方向，并对以后的工作有一个初步的认识。学生们在进入专业课程的学习之前，就已了解其今后的就业岗位所要面临的、解决的实际问题，带着真实的问题进入专业课的学习。道路桥梁与渡河工程专业学生认识实习如图2-6所示。

图2-6　道路桥梁与渡河工程专业学生认识实习

道路桥梁与渡河工程在第1学期开设"道路工程概论"课程，使学生了解道路交通的现状和发展趋势，增加从事道路桥梁工程工作的荣誉感和自豪感。同时，让学生了解本科四年主要的学习内容、对应工作所需要的专业知识、相关专业所要求的专业基础知识，建立对本专业的感性认识，找到自己的兴趣点，在后续学习过程中能带着真实的问题去学习。

每门专业课的授课教师根据课程支撑的岗位能力，开学初向学生明确课程学习要解决的问题，使学生明确带着问题学习；期末在教师的指导下，学生做好自我总结，检查获得的学习结果。

2.3.2.2　对着真实技术练

依据专业岗位面向，进一步明确道路桥梁与渡河工程专业技术能力清单，形成技术项目体系，在此基础上构建实践教学体系，落实到实践教学环节中，使学生从每一个实验、实训、实习等实践中做起，从单一到综合，由简单到复杂，由低级到高级，针对真实职业岗位要求的技术进行练习，每门课程结束后都要认真考核技术能力获得程度。

道路桥梁与渡河工程专业的实践教学环节由课内实践教学环节和集中实践教学环节构成。课内实践教学环节多以实验为主，实验可促进学生深化理解理论知识，掌握基本实验技能和方法，并为校外实训、专业实习、毕业设计打下坚实基础。集中实践环节主要有实习、实训、课程设计等，实习、实训是在生产、施工现场中使学生体验真正的工程环境。道路桥梁与渡河工程专业学生实训现场如图2-7所示。

图2-7　道路桥梁与渡河工程专业学生实训现场

道路桥梁与渡河工程专业强化以应用能力培养为主线的课程实践教学体系，开展施工现场实训教学活动。在施工教学现场中，结合图纸和现场施工内容进行对照讲解，使学生们深入掌握施工方法，真正做到理论与实践相结合。施工现场实训教学加强了实训教学和专业实践教学效果，充实了岗位实际工作任务课程建设实质，提高了师生工程一线应用实践能力。道路桥梁与渡河工程专业现场实训教学如图2-8所示。

图2-8　道路桥梁与渡河工程专业现场实训教学

　　设计以专题的形式对学生的基本技术应用能力和解决实际问题的综合能力进行训练，使学生对所学理论知识达到感性认识与理性认识的有机结合，提高解决实际工程问题的动手能力和创新精神。

2.3.2.3　按着真实岗位训

　　道路桥梁与渡河工程专业致力于培养"精施工、懂设计、能管理、重创新"的人才，经过多年的建设，积累了多家稳定的校企合作单位，为学生对口实习、高质量就业提供了良好的通道。依据专业岗位面向，毕业前安排学生到校外实习基地，以准员工的身份，在真实岗位上实习实训。

　　构建人才培养中在一年级开设大学生职业生涯规划，向学生介绍实习岗位，使其认知；二年级在校内创设虚拟仿真实习岗位，进行模拟实习实训；三年级开设的基础工程等实训环节以参观练习形式，到真实实习岗位初步实习；四年级设置的专业实习正式上岗实习实训。

　　在实习过程中，学生主要从事设计、施工、检测、监理、管理等岗位工作。学生在真实的岗位中提高了职业素质,培养了敬业精神、团队精神、责任意识以及良好的职业心态和作风。真实的岗位中使学生逐步了解和熟悉社会,在社会实践中学会做事、学会做人,为走上社会、顺利实现就业做好充分的思想和心理准备。专业实习的实施过程为"日记录→周汇报→月评价→人人答辩"模式,校内校外实施了双向指导和管理。道路桥梁与渡河工程专业学生专业实习现场如图2-9所示。

2.3.2.4 拿着真实项目做

道路桥梁与渡河工程专业将毕业设计与专业实习深度融合,把企业一线需要作为毕业设计选题来源,在专业实践开始的同时启动了毕业设计工作,学生的毕业设计题目100%来源于工程实践。在2018届、2019届、2020届毕业设计工作中,聘请了行业、企业资深专家与校内指导教师进行联合指导,充分保证了学生毕业设计与工程实践的结合度,达到校企合作育人的目的。毕业设计如图2-10所示。

2.3.2.5 照着真实情境育

道路桥梁与渡河工程专业在人才培养中将创新创业项目、第二课堂、社团活动等纳入学分管理。这个环节充分利用校外的志愿服务、社会实践、企业顶岗实习等真实职业情境,培养学生适应职业环境的

图2-9 道路桥梁与渡河工程专业学生专业实习现场

能力，树立职业意识、职业精神，养成勤于实践、勇于探索及良好的职业习惯，培养适应职业需要的应用型人才。

图2-10　毕业设计

第**3**章
课堂教学改革

3.1 课堂教学改革目标与改革思路

土木工程专业作为辽宁省向应用型转型试点专业、省一流本科专业建设点，致力于培养高水平的应用型人才、提升育人质量、实现学校与专业的跨越式发展，必须聚焦于课堂教学。课堂教学在人才培养中居于中心地位，只有课堂教学不再遵守传统的教与学的方式，才能提高学生学习的主动性和积极性，改变课堂形式和教学方式方法，把学生的精力转移到课堂上是重要课题。

OBE是在20世纪90年代发展起来的，是以学生为中心、以结果为导向的教育，从传统的强调输入到强调输出的教育理念。OBE教育理念对课堂教学改革具有较大的借鉴意义。建立基于OBE教育理念的课堂教学改革，突出以学生为中心，坚持按照国家、社会及教育发展需要，行业产业发展及职场需求，根据学校定位及发展目标、学生发展及家长期望，以成果导向为出发点、确定培养目标、毕业要求和指标点，科学设计教学课程体系，强化实践教学，确定教学要求和教学内容，运用有效教学考评标准，持续解决影响和阻碍课堂教学科学化、合理化和高效化发展的根本性问题，建立基于学生发展和课堂教学的良性校内和校外循环，为课程建设及专业提供最有力基础支撑。

3.2 教学内容与课程资源建设

3.2.1 构建以成果为导向、以学生为中心的课程体系

充分体现OBE教育教学理念，以学生的学习成果为重点和出发点，以学生为中

心，围绕学习成果反向设计，构建符合专业培养目标的完整课程体系。采用反向设计、正向实施的方式，以"需求"为出发点和落脚点，从而实现课程目标的达成。

遵循学校开展的教学质量工程，依据《沈阳城市建设学院课程建设管理暂行办法》《沈阳城市建设学院校级精品课建设管理办法》和《沈阳城市建设学院加强课程建设实施办法》等文件，按照"十四五教育发展规划"，分阶段、有步骤地推进课程建设，不断优化课程体系，加强应用型课程建设。

构建由通识教育平台课程、学科专业教育平台课程、职业发展平台课程、创新创业平台课程和集中实践教学环节构成的"五位一体"的应用型人才培养课程体系。课程体系的设置在强调基础理论和知识结构的同时，结合相关领域岗位及证书，以夯实基础、注重实践、加强应用能力培养为目的，制订课程体系和培养计划。

以学生为中心，根据调研及专家论证，依据经济社会发展需要设置专业方向，在学科专业教育平台课程中设置专业方向限选课和专业任选课，满足学生个性化培养需要。引进的超星网络教学平台和超星尔雅通识课程资源，为学生提供自主学习的条件。在学科专业教育平台课程中均设置足够数量的选修课供学生选择，选修课学分占总学分比例均在20%以上。

3.2.2　加强课程内涵建设，形成应用型人才培养的课程模块及课程群

结合人才培养特色，加强课程内涵建设。突出教学内容和教学质量建设的核心及主体地位，大力推进教学思想的改革与建设、知识内容建设、教学水平建设、教材建设、教学资源建设，以及结合专业特点，积极开展教学改革与教学研究等内容的建设，形成应用人才培养的课程模块及课程群。

课程教学以专业人才目标为中心，以岗位核心能力培养为目标，与岗位能力需求紧密结合，开发建设课程群，努力实现课程群与岗位、证书结合，激发学生学习动机，突出工程实践能力培养。

3.2.3　按工程教育认证理念，完善OBE教学大纲，更新教学内容

围绕工程教育认证，以成果为导向进行反向设计。课程教学大纲的编写要严格对应毕业要求，确定与之对应的教学内容和教学时数。课程目标紧紧对应专业培养

目标，通过对教材和参考书的合理选择，对重点内容进行规划，创新教学的方式方法，突出能力培养。在教学大纲设计过程中，要明确课程目标、教学方式与教学效果评估之间的内在关系。

依据《沈阳城市建设学院关于制（修）订课程教学大纲的原则意见》，指导课程大纲编写。教学大纲遵照学校的指示精神，引入OBE理念，完成每个专业课程教学大纲修编工作，对核心课在教学体系中的地位、教学环节的设置以及考核方式进行深化研究，形成新版教学大纲。通过适时更新教学内容，将学科研究新成果、实践发展新经验、社会需求新变化及时纳入课程教学，体现课程内容的应用性和先进性。在各专业课程教学中，注重学生实践、合作、创新等能力，结合大学生学科竞赛，开展了一系列创新实践教学活动，并取得丰硕的成果。同时，课程中增加了线上教学环境，提倡课后辅导与答疑，增强教师与学生互动，强化对学生的实践能力进行培养。

依据专业人才培养方案中的培养目标和毕业要求，确定课程教学目标，界定课程教学内容，整合课程知识单元，梳理每个单元的知识和能力要素，设定课程教学目标的实现途径，明确预期学习成果，完善实施过程及考核方式，突出应用能力培养。依托每周一次的教研活动，通过课程分析和集体讨论确定课程大纲。

3.2.4 拓展教学内容，实现课程教学和思政教育相辅相成、结合统一

思政教育要注重主线引导，保持大思政教育的连续性和拓展性，在内容选择和形式呈现上注重主题的统一性，将思政教育主题贯穿学生课程学习的全过程。开展思政教育活动，要尽可能从受教育主体成长发展的诉求出发，把握其关注点和兴趣点，实现"吸引"，进而实现"带领"，要"聚焦前沿热点问题，推进学科理论研究的深化，推动学术研究向时代性、规范性、精准性发展"，用专业教育的学术专业性解读引导学生。

秉承土木工程学院"土育良材，精技善建"的院训，以"善建"为目标，充分发掘不同专业课程特点的"思政资源"，弘扬"校训精神""墨子精神""鲁班精神"，在"润物细无声"的知识学习中融入理想信念层面的精神指引。深度拓展教学内容，实现课程的教学目标和思政教育目标相辅相成、结合统一；提升学生参与度，体验感悟；强化学生的品格教育和人格历练提升。

3.2.5　因材施教，增加选修课比例

为因材施教，满足学生个性化发展，在课程设置过程中增大专业选修课比例。在通识教育平台课程、职业发展平台课程、创新创业平台课程中均设置足够数量的选修课程供学生选择。通过专业方向限选课、专业任选课、通识选修课等课程，依托超星尔雅与自建等线上资源，满足学生个性化发展需求，同时为学生自主学习提供条件。

3.2.6　课程教学——落实"五实"教育主线

专业课程教学落实"五实"教育主线。带真实问题学：基于岗位能力需求，设计教学内容。按真实岗位训：基于岗位工作过程，按照课程群设计教学。拿真实项目做：基于"产学研"合作，进行项目案例教学。对真实技术练：基于工程实践能力培养，理论与实践相结合。照真实情境用：创新创业项目、学科竞赛、第二课堂等。

专业课程教学实施主要依托"两平台（通识教育平台、学科基础教育平台）、五模块（专业主干课、专业方向课、职业发展课、创新创业课、集中实践环节）、一拓展（双创项目）"，实现课程群与岗位、证书相结合，突出应用能力培养，全面培养应用型人才。

3.2.7　线上和线下教学相结合，有效利用网络教学资源

鼓励教师在教学过程中合理运用现代教育技术手段，教师多采用自主设计教学课件或者线上精品课程教学课件，充分利用互联网资源，切实发挥现代教育技术在教学中的优势，提高教学质量。以网络教学平台为载体，为学生提供良好的自主学习环境。充分利用超星学习通APP、中国大学慕课（MOOC）、腾讯会议、微信群等手段辅助教学，积极推进课堂教学改革和评价方式改革，将教育教学改革引向线上与线下课堂相结合。

3.2.8　提高教材建设质量

根据转型发展要求，土木工程学院积极选用适合应用型转型教学需求的高等学

校土建类专业应用型本科"十三五"规划教材，所选教材全部为省部级以上教材。每学期分专业召开师生座谈会及教研室教研会议，定期反馈教材使用情况，未来将结合专业建设计划，逐步开展专业教材编撰工作。

3.3　课堂教学与学习评价

3.3.1　积极开展教学方法改革，提高教学效果

深化教学改革、强化教学管理、提高教学质量，以评促建，以评促改，评建结合。建立全面的学生学习效果评价方式，更准确地掌握学生学习状态、学习效果，完善教育教学方法。

通过教改项目推动教学方法改革，教研室定期开展教研活动，鼓励教师采用启发式、参与式、探究式、提问式、讨论式等多种形式的教学方法，发挥教师在教学中的主导作用。加强师生互动，发挥学生在教学活动中的主体作用，培养学生创新思维与分析问题、解决问题能力。

3.3.2　课堂教学开展学、练、训、做、育

课堂教学积极开展学、练、训、做、育，以省一流课程基础工程教学为实例：基础工程课程理论32学时。1周课程设计，1周课程实训。基于应用能力培养，在课程设计中，让学生练习目前工程应用最广的基础类型——桩基础设计；在基础工程实训中，按照岗位工作过程进行实训，开展施工现场教学，与中冶沈勘工程技术有限公司等企业深入合作，深化产教融合，开展项目教学、案例教学。教师团队带领学生团队，开展岩土工程学生社团、申报创新创业项目等活动，提升课堂教学质量。

3.3.3　改革课程考核方式，不断完善学习评价机制

根据《沈阳城市建设学院课程考核管理办法》，改革课程考核方式，鼓励教师

采取形式多样的考核与评价方式，加强过程考核评价。根据课程特点和课程内容，采取考试、读书报告、小论文、实物加工、设计或计算机辅助设计等多种考核方式，做到对学生评价更加全面、科学，激发学生的学习积极性和主动性。

3.3.4　实践教学建设与改革

构建"专业基础能力培养、专业核心能力培养、专业技能培养"三层次、分阶段培养训练的实践教学体系。依托与企业深度合作，突出工程应用能力培养。毕业设计来源于工程一线，解决工程实际问题，深化应用能力培养。

3.4　课堂教学改革典型工作案例

3.4.1　《摄影测量基础》虚拟仿真实验教学

通过引入无人机航测虚拟仿真软件系统，在理论教学和实践教学之间搭建过渡"桥梁"，有效解决了理论教学和实践教学难以有效融合的问题，提高了摄影测量基础知识和实践操作的效率及效果，同时优化学生体验。

全息虚拟现实采用先进的技术理念和技术手段，基于真实的实训环境、真实的实训设备、真实的实训任务和真实的实训流程构建虚拟仿真软件，作为"理、虚、实"一体化的教学与实训系统，可完成测绘专业中摄影测量基础实验的全方位教学与实验任务。根据教学目标和教学对象的特点，通过教学设计，以多种媒体信息作用于学生，形成合理的教学过程结构，调动学生知识获取的积极性，让其在可视化和参与性下能更好地学习到相关技能，提高学习效率，达到最优化的教学效果。

（1）虚拟仿真实验教学方案

① 建立整个全息虚拟仿真设备的操作手册，包括全息系统的介绍、定位腰带的佩带、操作手柄的使用方法等。

② 无人机设备的构造演示：无人机型号包括三种，分别是固定翼无人机、混合翼无人机、六旋翼无人机，根据不同选择3D展示无人机各结构构件，对无人机

构件关系和节点构造可以在虚拟环境中实现拆解、安装。

③ 无人机项目案例的演示：项目案例包括三个，分别是地籍测量、地形测量、倾斜摄影测量，利用3D技术展示无人机实际工程项目的整个过程，并根据实际情况插入理论知识点，进行讲解，或是以选择的形式考查学生。

④ 展示过程的互动性：如无人机参数的设置、镜头的选配等，学生可利用操作手柄在全息影像中进行交互式操作。

⑤ 可以完成虚拟认知、虚拟项目演练、虚拟考核等功能。

（2）教学方法创新

传统的教学方法以讲授为主，而按照信息化时代背景下学生的需求特点，在虚拟仿真实验教学中会采用不同的教学方式方法，重点实行基于案例的互动式教学方法，对于学生，倡导自主式、探究式学习方法。学生可根据实验内容进行沉浸式体验，并完成一系列交互式操作，进入实验教学环节后，学生可选择不同的工程案例，根据语音及画面提示使用操作手柄完成该工程的所有流程，期间随时伴随对基础知识点的考核，让学生真正实现寓教于乐的教学目标。具体的虚拟仿真教学内容如下。

① 无人机设备构造学习。不同型号的无人机各结构构件，虚拟拆解、组装无人机，并以弹出文本框的形式来显示组装要点、检查方法和标准等知识。

② 无人机案例演示学习。仿真演示无人机航空摄影测量数据采集及后期数据处理过程，并以弹出文本框的形式来显示步骤要点、标准等知识。

③ 教学模式：演示+练习。即演示的过程中，除了以弹出文本框的形式来显示一些要点、标准等外，还会弹出选择题，如果做错了，项目将不往下进行，直到给出正确答案。

（3）评价体系创新

无人机航测虚拟仿真教学软件将对学生的操作痕迹（如是否按照实验步骤操作、是否正确完成对知识点的考核）等进行形成性评价。综合实验结果、学生操作流程及技能等因素，形成综合性成绩。

（4）对传统教学的延伸与拓展

无人机航测虚拟仿真实验教学项目坚持以学生为本的教学理念，坚持一切从学生的需求出发，注重社会对学生综合素质的要求，注重培养学生的创新能力和实践能力，调动学生参与实验教学的积极性和主动性，激发学生的兴趣和潜力，增强学生的创新创造能力。

3.4.2 《材料力学》课堂教学改革

（1）课程评价及改革成效等情况

① 授课效果：通过线上教学平台选择和教学模式的探索，学生能够更加深入理解《材料力学》课程的重要性及工程应用价值，提高学生的学习兴趣，学生理论与实验成绩有显著的提高。

② 考核与评价体系：将原来的单一笔试的考核方式改为多种考核方式相结合的方式，注重过程考核，从而培养学生的工程素质和工程思想。

③ 学科竞赛：利用学科竞赛机制与本课程相结合，达到"以赛促学、以赛促练、以赛促训，教赛结合、优势互补"的目的。

④ 教师根据实际教学条件进行线上、线下混合教学，指导学生利用MOOC平台学习理论推导和实验操作，通过作业创新以及考核创新对学生进行课程教育和全面考核，让学生在结合《材料力学》理论知识与实验知识的基础上进行工程应用拓展，不仅帮助教师对学生的课程学习情况进行全方位评估，而且帮助学生提升解决实际问题的能力和学术研究的综合素养。

（2）教学设计与方法

① 通过MOOC平台、腾讯会议等在线平台进行教学管理、理论教学与实验操作学习。在线教学过程中，弱化公式推导，配合适当的课程作业，帮助学生在结合《材料力学》理论与实验知识的基础上进行工程应用拓展。

② 线下教学过程中，课程导入注意结合当前社会热点，重点知识辅助仿真教学，增加学生的感性认识。

③ 根据线上和线下教学实际，创新考核方法，对学生的课程学习进行综合评价，实现线上和线下教学模式的互补与融合。

3.4.3 《工程测量》课堂教学改革

（1）整合教学资源

将线上和线下教学过程、教学知识进行互补、有机、高效的结合。《工程测量》超星课程平台如图3-1所示。

图3-1 《工程测量》超星课程平台

（2）课堂授课方式多样化

将工程测量实例、学科竞赛、虚拟平台实验实践操作、线上网络平台授课、课程思政（思政教育中三观教育、中国梦、社会主义核心价值观与工程测量中地图版图测量、珠峰测量、北斗测绘、国测一大队精神等）等多种形式的授课方式引入课堂，提高学生的学习兴趣及授课效果。线下全息虚拟仿真实验如图3-2所示。

图3-2 线下全息虚拟仿真实验

（3）引入最新测绘科学技术

将最新的测绘科学技术（三维激光扫描技术、室内导航技术、北斗导航定位技术、卫星定轨技术）与本课程相关内容相融合进行理论与实践教学，以工程测量为纲，借助网络授课平台和线上授课优势，适度、适量地将工程测绘科学新技术传递给学生，以此激发学生学习的热情和对前沿科技的了解。

（4）虚拟仿真教学

利用网络虚拟实验、实习平台，全息虚拟仿真设备和实体测量实验仪器设备，提高工程测量实验、实习效果和应用型人才培养质量。网络虚拟实验、实习平台如图3-3所示。

图3-3 网络虚拟实验、实习平台

3.4.4 《基础工程》课堂教学改革

通过课程理论和教学实践，学生通过学习，实际动手能力得到增强，基础工程能够和工程一线相结合，学生通过实际工程锻炼，能够进行实际基础工程初步设计、施工工作，学生所学为毕业后考取注册岩土工程师和从事基础工程的相关工作打下良好基础。

（1）**形成教学特色**

① 应用型特色：《基础工程》强化以应用能力培养为主线的课程实践教学体系，着力培养学生分析和解决实际问题的能力。

② 职业岗位特色：《基础工程》结合岗位工作所需的知识、能力、素质要求，更新课程的教学内容，做到"两个衔接、两个突出"，即：理论教学与前、后续课程相衔接，实践教学与职业岗位实际需求相衔接；突出学生的职业能力培养；突出基本点、重点和难点，进行教、学、做一体化建设。

③ 产教融合特色：《基础工程》加强学生实践能力的培养和锻炼，达到理论和实践相融合，知识与技能相融合，最终使基础工程教学符合企业实际工程需求。

（2）**实现"教学做"一体化**

根据应用型人才目标和岗位能力，着力培养学生分析和解决实际问题的能力，实施"教学做"一体化。

（3）**深化校企协同，提高实践能力**

深化校企合作，开展以典型项目和案例为主线，理论教学与实践教学融合的教学活动，提高了学生的实践能力。

（4）**辐射引领提升**

本门课程对于提高学生实践能力、培养符合工程实践需要的应用型人才，提高学生就业竞争力，具有重要意义。本门课程建设经验对于同类课程建设具有借鉴作用。我们以此课程建设带动教师创新，提高教育教学质量。

3.4.5 《土木工程材料》课堂教学改革

（1）**利用网络教学资源构建线上教学平台**

结合培养方案与OBE教学大纲和课程教学日历，在教学内容的设定上采用"CDIO"工程教育理念，构建课程教学平台，建设课程章节内容，上传教学资料，满足学生线上学习—检验—提问的需要。

（2）**优化教学设计，构建分层次、递进式的课程教学体系**

将土木工程材料课程按照认知层次分成"基本理论→实验与检测→工程应用"

逐层递进的三个层次。通过线上和线下混合式教学，传授专业知识，培养专业实践能力。

（3）线上和线下混合式教学设计

线上和线下通过案例式、互动式等多种教学方式，充分调动学生的学习兴趣，培养学生自主学习与分析问题、解决问题的能力。课堂教学引入工程案例，课后实际动手实验，启发学生主动思考，极大地调动学生的积极性和主动性。

（4）课程考核与评价改革

利用混合式教学的特点，强化过程考核，注重能力考核，依据启发性、综合性、多样性、科学性等原则进行形成性评价考核设计。

在考核内容设计上注重考察学生的创新性思维和综合分析与解决问题的能力。在题型设计上从以客观性题型为主向以主观性题型为主转变，努力为学生创设发挥能动作用的空间，启发、引导学生主动思考、大胆创新。

考核评价的形式多样，包括课程作业、课内实验、线上学习、专题讨论、学习笔记等多方面。在整个考核体系中，不仅重视学生能力培养，同时也注重基础知识的学习与基本技能的训练，引导学生进行跨章节、跨学科的联想、拓展和迁移能力的训练。

第**4**章
校企结合

4.1 校企结合工作的目标与思路

沈阳城市建设学院土木工程学院坚持育人为本、服务产业、融合发展、共建共管原则，聚焦学生成长需要和社会行业需求，对接建筑产业链，创新设计"校企协同育人、融合特色发展"应用型人才培养路径，建设行业特色鲜明、与产业联系紧密的现代产业学院，依托知名企业开展特色订单式人才培养等，打造"五实育人"的真实育人情境，构建集产、学、研、转、创、用"六位一体"实体特色育人路径，实现全方位、全过程、深度融合、协同育人，通过校企结合工作，覆盖学生培养的多元需求，提供应用型人才培养路径推广范式。

4.1.1 校企结合工作的目标

4.1.1.1 加强实践教育基地

通过建设大学生实践教学基地，以校企联合办学形式，建立用人单位、学校教学团队的紧密型合作关系，企业人员与学校团队教师、学生共同参与的人才培养模式系统，搭建"实验室+实践基地"递进的"学做合一"的"产学研"教学平台，形成"教与学紧密结合、理论与实践紧密结合、学校与企业紧密结合"的教育模式，承担学生的校外实践教育教学任务，促进高校和行业、企事业单位、科研院所、政法机关等联合培养人才新机制的建立。推动高校转变教育思想观念，改革人才培养模式，加强实践教学环节，提升高校学生的创新精神、实践能力、社会责任感和就业能力。

4.1.1.2　开展订单式人才培养

订单式人才培养模式是学校针对用人单位需求，以就业为导向，与用人单位共同制定或修订人才培养方案，签订学生就业订单，并在师资、技术、设备等办学条件方面相互合作，利用校企的资源优势，采取多种形式组织教学，学生毕业后直接到用人单位就业的一种产学结合教育的人才培养模式。

为进一步深化教育教学改革，积极建设以就业为导向的订单式人才培养模式，完善课程设置，健全教学规范，进一步推进和规范订单式人才培养工作。

4.1.1.3　探索"智能+X"发展

探索"智能+X"发展是本科高校适应人才市场需求，促进应用型高校转型发展的必然结果，是通过"产学研"合作培养适应时代发展的高素质应用型人才的新型模式。探索"智能+X"发展既集合本区域、本行业和企业的自身优势，也汇聚了高校有目的地培养应用型人才的本质，能够充分发挥产业与高校各自的优势和特点，从而构建校企结合育人体制机制。

土木工程学院探索"智能+X"发展，以自有专业为主体，对接建筑产业链，以智能为引领，综合智能建造、智能建筑测绘、智能建筑材料、建筑智能化安全生产共同发展，由学院和企业合作，在理念、机制、模式、条件上形成的"产学研"一体化深度合作、互动双赢的校企联合体，打造集人才培养、科学研究、技术创新、企业服务等功能于一体的示范性人才培养模式。

4.1.2　校企结合工作的思路

4.1.2.1　服务地方经济社会发展

根据社会需求，努力探索"产学研"合作教育，为相关企业提供技术创新、技术服务、应用型人才服务等，在合作科研、教研、人才培养、服务地方基础建设等方面做出了积极的贡献，拓展了专业人才培养的深度和广度。

4.1.2.2 校企合作的服务方向和服务对象

校企合作以应用为主，科研为辅。具体为：共同培养应用型人才、校企共建实践教学基地、共同开发应用型课程和企业共同指导实践教学环节、共建"校企双向融合"的教学团队、共同承担横向项目，开展技术研究等，互惠互利，协同育人。

4.1.2.3 以业界为主导的"产学研"合作育人培养模式

从办学机制和人才培养模式上高度重视与企业的深层合作，校企合作教育过程中，以专业及相关产业对人才和技术的需求为主导，探索基于产教融合培养应用型人才为目的人才培养模式，构建校企融合的人才培养体系。

校企合作双方自签订联合办学协议起，共同制定培养机制、共同设计培养方案、共同完善课程体系、共同开发教材、共同培育教学团队、共同建设实践基地、共同参与培养全过程、共同监管与制定多元评价体系，实现"校企合作设置专业方向、校企合作制定培养方案、校企合作贯穿培养全过程、校企合作推荐毕业生就业"。

4.1.2.4 与行业机构深度合作

校企合作是以将学生培养为应用型人才为建设目标，面向企业需求，积极拓展企业与专业间的长效深入合作，提升人才的发展水平。

4.2 校企结合工作实施方案与具体措施

4.2.1 加强实践教育基地建设，搭建"产学研"互动平台

依托辽宁省大学生实践教育基地，根据国家产业政策和地方经济社会发展需要，整合校内外优质资源，搭建面向工程和经济社会一线的"产学研"互动平台，以学带研、以研促学。开展技术服务、项目、师资互聘、培训等合作。

4.2.2 订单式人才培养，共建双能型人才

（1）拓展领域，丰富教学内容

校企合作育人、合作发展，共建应用型专业。建立有行业企业技术、管理人员参加的专业建设指导委员会；建立以市场、企业需求为导向的专业开发与调整体系；校企共同开展市场调研，寻找专业共同发展方向。一方面选派教师深入企业学习，开展调研、实践锻炼等，参与并承担企业研究开发项目；另一方面引进企业工程技术或管理人员，参与专业人才的培养过程，充实教师队伍。

（2）按需培养，共育应用型人才

邀请企业工程技术人员参与专业人才培养方案的制定，参与课程讲授与教学资源建设，校企合作开展第二课堂教学，企业技术人员走进高校讲堂，开展讲座、指导学生毕业设计等。共同开发应用型课程和企业实践教学环节。按照应用型人才培养目标，以应用能力培养为导向，以技术为核心，引入行业标准，开发面向行业和面向地方的应用型特色课程，校企共同编写应用型教材。

4.2.3 搭建校企合作平台，探索"智能+X"发展

整合优质资源，搭建校企合作平台，积极与行业企业等多元主体共建合作平台，开展"产学研"合作。将校企合作平台作为"产学研"合作教育的主阵地，与学科专业关系密切的行业企业建立广泛的联系，在共同建设学生实习实训基地的基础上，根据企业特点，深化合作内容，形成多层次、多类型的校企合作平台，加强校企合作平台建设。

4.3 校企结合工作的成效

4.3.1 辽宁省教育厅大学生校外实践教育基地建设

当前，大学生校外实践教育基地建设，已成为全国众多高校立足专业、推动人

才培养的一种新型模式。沈阳城市建设学院已获批辽宁省教育厅大学生校外实践教育地两项，分别是2018年与中冶沈勘工程技术有限公司合作的岩土工程校外实践教学基地，2019年与广州南方测绘科技股份有限公司合作的广州南方大学生校外工程实际教育中心。立足深度合作，整合高校、地方优质资源，培养高素质复合型应用人才，充分发挥大学生校外实践教育基地的引领示范作用。

4.3.1.1 沈阳城市建设学院岩土工程校外实践教学基地

沈阳城市建设学院与中冶沈勘工程技术有限公司合作多年，依托企业共同建设校外实践教育基地，在专业实习、社团活动、一线经验专题讲座等实践教学方面开展多项教学合作。如图4-1所示为学生实习及校外实践活动照片。

（a）道路桥梁与渡河工程专业实习

（b）岩土工程学生科研社团在中冶沈勘进行的参观活动

基于"五实育人"的
土木类专业人才培养模式研究与实践

（c）道路桥梁与渡河工程专业学生参加龙湖88号地块桩基础类型讲解

（d）岩土工程学生科研社团参加降水井作用及做法讲解课程

图4-1　学生实习及校外实践活动照片

4.3.1.2　广州南方大学生校外工程实际教育中心

学校与广州南方测绘科技股份有限公司沈阳分公司合作多年，依托企业共同建设校外实践教育基地，借助企业场地平台，在实践教学方面开展摄影测量实习、数字地形测量实习、地理信息系统实训、工程测量学实习等多门实习课程。如图4-2所示为测量实习及培训照片。

通过共建校内外实践教育基地，与企业全面合作，充分发挥企业在环境条件和管理体制方面的优势，逐渐改变教学方式方法，把学生从课堂中解放出来，与企业深度合作，探索企业与学校的深度合作，建立校外企业实习实训基地，将实践课程从简单的仪器应用逐渐过渡到真正的实践应用，达到与行业需求同步。因此实践课程可以逐渐从校内外实训基地过渡到企业真实的工程中，也可逐渐将毕业设计过渡到企业中完成，达到"实践＋毕业设计"的结合，切实提高学生的综合能力。

（a）摄影测量实习

（b）虚拟仿真实践教学

（c）数字地形测量实习

基于"五实育人"的
土木类专业人才培养模式研究与实践

（d）教师入企业培训

图4-2 测量实习及培训照片

4.3.2 订单班

为深入开展校企合作，提升学生岗位实践能力水平，培养应用型人才，做好产学结合，土木工程学院与多家企业签订人才培养合作协议（图4-3），达成"五建东北班""中天班""金广班"等系列订单班。

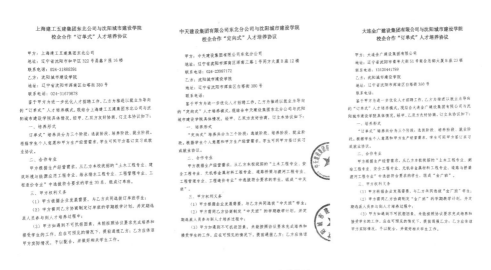

图4-3 订单式人才培养协议

截至目前，通过面试选拔，"五建东北班""中天班""金广班"三个订单班已于2022年春季正式开课。学生自专业实习前在订单班进行定向培养，由企业指定有经验的工程师或管理人员作为指导老师进行为期半年的订单式培养。培养结束后，由企业安排考核，通过考核的学生由企业、学校、学生签订三方协议开始专业实习。毕业后通过考核的学生成为企业某岗位的专业员工。"订单班"校企共建课授课情况如图4-4所示。

图4-4 "订单班"校企共建课授课情况

4.3.3 "智能+X"发展

4.3.3.1 专业建设与企业产业发展一体化

① 紧密对接专业所服务行业企业的产业链，加强专业的校企共建共管，重点建设土木工程、道路桥梁与渡河工程、智能建造、测绘工程、安全工程、无机非金属材料工程等土木工程学院自有专业。在建设过程中，通过对标工程教育认证标

准，建设一流专业，带动专业集群整体协同发展，促进专业建设水平的提高。

② 共建专业建设指导委员会。邀请行业专家、合作企业技术人员参与，每年召开会议探讨学科专业建设与发展规划、培养标准和培养方案、教学方法改革等具体工作，推动学科专业建设与区域产业转型升级相适应，如图4-5所示。

图4-5　企业专家到校讲座活动

③ 共同调整专业结构。根据现代企业的技术和工艺变革升级传统学科专业，打造优势特色专业。紧密产业链，支撑产业链的若干关联专业快速发展，实现多专业交叉复合，重点建设土木工程专业群。

④ 积极开展专业认证。引入行业标准和企业资源，积极开展国际实质等效的专业认证，促进专业认证与创业就业资格协调联动，提高专业建设标准化、国际化水平。

4.3.3.2 应用型人才培养与产业真实岗位一体化

① 智能建造产业学院聚焦应用型人才的培养，以强化学生职业胜任力和持续发展能力为目标，以提高学生实践和创新能力为重点，结合就业方向和企业真实岗位要求，与产业学院所服务的行业企业共同制定人才培养方案、共同开发课程资源、共同实施培养过程、共同评价培养质量，对人才培养规格和毕业要求等进行重构。推动"五建东北班""中天班""金广班"以及"企业班导师"等工作，扩大校企合作影响，将学生与企业的认知和互动前置到大一学年。

② 校企联合改革课程设置：根据培养规格，校企联合优化专业基础课、主干课、核心课、实践教学课，形成突出应用能力培养的课程群或课程模块，使用合作企业真实岗位环境开展实景、实操、实地教学，重点改革3～5门核心课程，建设4～5门校企共建课程。

③ 校企联合制定课程大纲：做好学时分配和具体考核，使课程内容与技术发展衔接、教学过程与生产过程对接、人才培养与真实岗位相融合。探索把企业真实项目作为毕业设计、课程设计的选题来源。

④ 校企共同建设应用型教材：引导行业企业深度参与教材开发与案例库建设，把产业发展的最前沿和最鲜活的实践成果纳入教材。重点开展2～3门与企业联系紧密的实践教材、核心教材进行建设。

4.3.3.3 师资队伍建设与企业骨干培养一体化

① 加大校内教师转型力度。选派专任教师到合作企业接受培训、挂职锻炼，了解企业专业技术、发展方向、生产工艺、行业要求、行业标准等，打造"双师型"教师。

② 聘请合作企业及行业协会专家、技术骨干和管理专家担任双师型教师，校企联合授课、联合指导，如图4-6所示。

图4-6　校企互聘证书

③ 加强教师培训，共建一批教师企业实践岗位，开展师资交流、研讨、培训等业务，将智能建筑产业学院建设成"双师型"教师培养培训基地。

4.3.3.4　教研、科研与企业技术研发一体化

① 共建"教科研"平台。校企双方在原有建设基础上整合资源，共建实验室、研究院等"教科研"平台，发挥各合作企业工程技术研究中心、实验室等科研平台和各企业的生产、实验设备优势，共建研究院。

② 共建"产学研"合作团队。联合开展技术攻关、产品研发、成果转化、项目孵化等工作，同时围绕产业的关键技术、核心工艺和共性问题合作开发横向项目，提高教师科研水平，推动企业的产业技术进步。

③ 大力推动科教融合，将研究成果及时引入教学过程，促进科研与人才培养积极互动，发挥"产学研"合作示范影响，提升服务产业能力。

4.3.3.5　实践教学、就业服务与企业人才需求一体化

（1）共建实践教学基地

根据合作企业生产、服务的真实技术和流程，建设校外实践教学基地。校内教师分学期、有计划地与企业行业专家、技术人员共同设计实训项目等，做好实践教学工作。

充分利用企业优质资源，根据企业实际人才需求，将学生专业实习集中安排到公司真实项目，让学生进入生产一线，由学校和企业"双师双能型"教师共同管理，共同指导学生，切实提高学生的实践能力，培养高水平的技术技能型人才。

（2）推进就业服务

基于订单式人才培养、专业实习等工作，本着双向选择的原则，结合企业年度人才需求，持续推进学生就业服务。

4.3.3.6　完善管理机制体制

学校针对现代产业学院建设发展，创新人事管理制度改革，给予现代产业学院改革建设所需的人权、事权、财权，建设科学高效、保障有力的制度体系。通过完善顶层设计，设立校企合作管理机构运行、日常教学管理、学生管理、师资管理等方面的管理制度，实施制度化、流程化管理，完善多部门联动机制，形成理念先进、顺畅运行的建设管理模式。

4.4 校企结合典型案例

土木工程学院按照"五实"教育人才培养模式，深化校企合作，加强实习教学和专业实践教学效果，提高我校师生应用实践能力，以全国第三次国土调查为契机，深化与广州南方测绘科技有限公司沈阳分公司进行合作，开展校内、校外实践教学项目。

项目在全面实施"五实"教育人才培养模式的基础上，对我校测绘专业应用实践教学能力及学科建设起到良好的促进作用。项目本着服务地方、面向土建行业及相关领域基层一线，全面落实"五实"教育人才培养模式，培养本专业领域的设计、施工、管理、检测、评价等岗位具有专业基础扎实、应用能力强、综合素质高、全面发展的应用型人才。

合作项目是测绘专业基于校企合作的一次大规模的"拿着真实项目做"的综合性内外业实践教学项目，在实践过程中"对着真实技术练""按照真实岗位训"；实习内容涉及多门专业核心课程，包括《摄影测量基础实习》《控制测量学实习》《数字化测图实习》等，在以上课程的教学中就结合了此类项目，实现了"带着真实问题学"；同时本次校外实习教学也是学生毕业论文课题实践资料收集、学习、考核的重要环节，基于此能够保证在撰写毕业论文的过程中始终是"拿着真实项目做"；本次实习也可以为专业创新创业项目、学科竞赛、第二课堂等系列活动积累素材和资料，为在人才培养全过程中"照着真实情景育"打下良好的基础。

（1）项目概况

① 合作企业介绍。广州南方测绘科技股份有限公司（以下简称南方公司）是一家集研发、制造、销售、科技服务、企业与教育培训等全功能的集团企业。在全国有30家省级分公司、140余家地市分公司、7家海外分公司、1家卫星导航公司、1家高速铁路技术公司，产品出口至100多个国家和地区，现在已进入地理信息行业世界4强企业，居世界先进水平，综合实力位列中国地理信息百强企业榜首。

② 合作项目介绍。2018年8月29日，根据机构设置、人员变动情况和工作需要，国务院决定，将第三次全国土地调查调整为第三次全国国土调查。国土调查是一项重大的国情国力调查，是全面查实查清国土资源的重要手段。截至2019年3月，第三次全国国土调查工作取得阶段性进展，基础数据采集和基础图件制作已经

完成，全国范围的实地调查开始全面启动，本次校企合作项目是以这样的大环境展开实施的。

第三次全国国土调查综合实践课程是测绘工程专业实践教学的一次综合实习项目，涉及《摄影测量基础实习》《地籍测量》《数字化测图原理实习》《控制测量实习》等理论与实践课程，是难得的综合性专业实习机会。本次实习项目从 2019 年 3 ~ 12 月，参与师生人数达 106 人次。

③ 项目特点。

a. 项目工期紧。从 2019 年 3 月接收高清卫星图像开始，从 2019 年 3 月接收高清卫星影像开始，到 2019 年 12 月提交调查成果，在此期间要保证成果数据符合国家标准。"时间紧，任务重"就自然成为学生口中出现频率最高的词汇。

b. 项目要求高。本次项目是重大的国情国力调查，目的是全面查清全国土地利用状况，掌握真实的土地基础数据，并对调查成果实行信息化服务，满足经济社会发展、土地宏观调控及国土资源管理的需要。国家标准要求相对较高，是对学生在课上所学知识能否熟练应用的考验。

c. 测区环境恶劣。项目测区位于辽宁省凌源市，多为山丘地带，山深林密，无疑加大了外业调绘任务的难度，调绘时多在山中，山路崎岖，学生的午饭也变成了方便携带的面包与矿泉水。测区部分地区地貌如图 4-7 所示。

(2) 项目实施方案

为保证本次校外实习教学能按照既定目标顺利推进，学校按照"五步走"工作法全力保障各项工作有序实施。

① 提前安排，做到心中有数。

② 紧抓安全，规范有序推进。

③ 依靠技术，确保成果质量。

④ 多点对接，坚持管理到位。

⑤ 多措并举，妥善解决难题。

师生共同培训如图 4-8 所示。三调校企合作项目工作流程如图 4-9 所示。

基于"五实育人"的
土木类专业人才培养模式研究与实践

图4-7 测区部分地区地貌

图4-8 师生共同培训

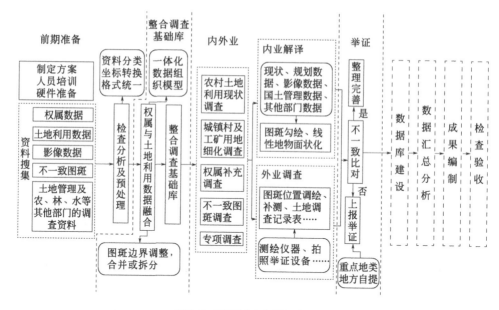

图4-9　三调校企合作项目工作流程

（3）项目实施准备

在南方公司的协调下，测绘工程专业参与外业调绘的师生前往外业测区——凌源市。抵达凌源市后，为保证工作的平安顺利推进，南方公司技术人员便对我校师生进行外业操作及外业安全培训，并为项目工作人员选购劳动保护装备，次日便开始了外业举证工作（图4-10～图4-12）。

图4-10　对参与外业实习项目的
学生进行培训

图4-11　南方公司技术人员指导各外业小组组长使用
外业举证设备

图4-12 实习学生外业核查

为保证数据质量与项目进程吻合，学生不仅白天需要进行图斑举证，而且晚上还要对数据进行修改，内外业同步对数据进行更新（图4-13～图4-15）。这更要求学生在内外业都有一定独立工作的能力，大大加深了学生对于测绘行业的认知程度，将在课堂上所学的知识结合实际应用，并提高了学生的实践技能素养，培养学生协作配合本领。

（4）项目实施过程

项目伊始，学校便发布项目内业制图工作，测绘工程专业的学生陆续开始自

图4-13 早晨准备出发的学生

愿报名参加本次项目的内业制图工作，在学习技术规范与绘图软件应用的开始，遇到了许多技术上的问题，本着"求实"的学习态度，学生们在困难中摸索前进（图4-16）。

① 内业信息提取。根据三调工作要求，基于CGCS2000坐标系，利用国家统一制作的优于1m分辨率的DOM影像，结合最新土地调查数据库，以影像特征为基础，综合考虑影像地物识别能力，建立解译标志，使用矢量采集专业软件（图4-17），以区县为单位，在全辖区范围内进行人机交互内业信息提取，内业提取流程如图4-18所示。

图4-14　为举证图斑选择沿铁路行走

图4-15　学生就内业数据处理进行商讨

　基于"五实育人"的
土木类专业人才培养模式研究与实践

图4-16 专业实习过程中学生进行技术交流

图4-17 南方技术人员与学生一起对DOM影像进行检查

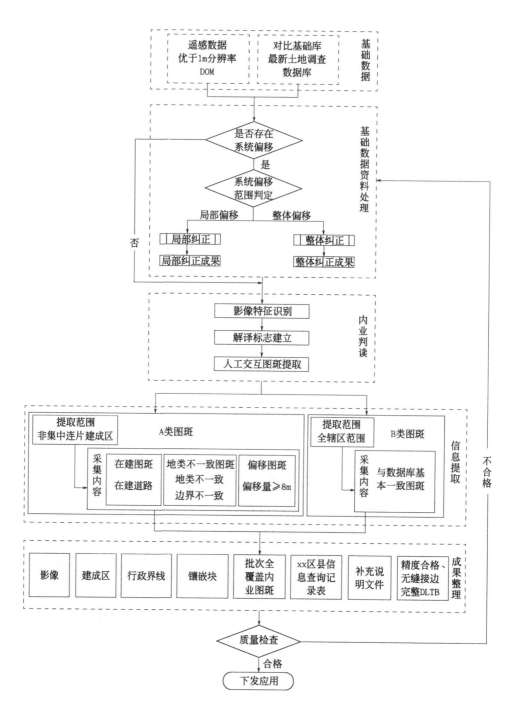

图4-18 内业提取流程

基于"五实育人"的
土木类专业人才培养模式研究与实践

② 外业调绘。在内业图像绘制结束后，随之而来的便是外业调绘工作。外业调绘工作主要包括两部分内容：外业举证和图像修改编绘。通过开展第三次全国国土调查外业举证工作，要求各地对重点地类变化、不一致图斑及容易混淆的地类情况等，进行实地举证，一方面能够辅助地方准确认定地类，另一方面能够为核查准确判定奠定基础。外业举证照片结合高精度遥感影像内业判读作为核查的重要依据，可靠性强，能够确保第三次全国国土调查成果的真实性和准确性。外业调绘工作流程如图4-19所示。

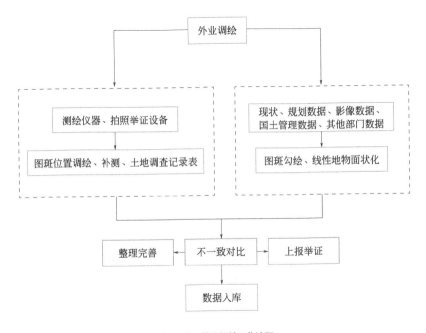

图4-19 外业调绘工作流程

经过学生报名，项目负责教师综合报名人数及测区现场实际情况，决定在校外实践过程中，将学生分为6个作业小组，以保证学生安全有序地进行测绘实习外业指导工作（图4-20）。在实际作业中，参考国家下发1m分辨率的正射影像图，按实地现状对内业处理后的国家A类图斑和B类图斑进行实地举证测量。

图4-20　参与外业调绘学生及教师出发前在学院门口合影

（5）校企结合三调项目教学成效

通过第三次国土调查实习项目，土木工程学院测绘工程专业将专业课程、实验、专业实践环节尝试性地调整至与全国三调项目工程时间相协调，通过集体、集中、部分学生参与此次三调专业实践的尝试性改革，为以后不同层次和年级的学生参与集中实践项目提供基础，有针对性地提高各年级学生的专业素质、业务水平、组织协调能力，在教学中让学生带着实际问题有目的性地去学习、主动汲取测绘基本知识；在实践中让学生按照真实项目做、对着真实技术练，掌握测绘技术在实际工程中的应用。真正做到"五实"教育人才培养模式，实现学有所教，学有所成，学有所用。

第**5**章
实虚结合

5.1 实虚结合工作的目标与思路

5.1.1 实虚结合教学模式背景

应用型本科院校应培养具有较强的理论知识、实践技能和应用能力，并服务于生产、建设、管理第一线的技术工程师、技术管理人员和技术研究人员等高素质应用型人才，要达到以上目标就需要在抓好理论教学的同时更加注重实践教学，因此建立完善的实践教学体系是应用型本科院校培养人才的重要前提。

随着虚拟现实、人工智能、互联网、大数据、5G等新兴技术的组合创新对社会各个层面的深度渗透，当前的教育生态系统将迎来巨大的历史性变革。国内外学者在VR（虚拟现实）应用于实践教学以及产教融合实践教学模式理论基础、内容、形式、要素和影响因素等方面进行了理论研究，对产教深度融合式教学的应用产生了深远的影响。在新工科、双一流、工程认证等背景下，如何实现特色及一流专业的智慧VR背景下的产教深度融合模式重构和实践教学体系改革，利用智慧VR弥补产教融合实操应用中的知识点呈现升级、高难度实验教学场景再现、高危不可逆实验操作应用等方面，还有很多理论和实践值得深入探索。土木类专业群对实践能力的要求特别高，以测绘为例，现实中存在技术发展过快、先进仪器价格高昂、实验人数规模巨大等瓶颈。在各大高校扩招与现有师资力量的情况下，教师兼顾繁重教学任务和科研的同时，如何提高课程教学质量、满足科技快速发展和社会对人才的需要，已成为热点问题。为了提高教学质量，解决当前实验室功能单一、教学模式陈旧，实验实训成本高、占地面积大、难开展、受限制，以及学生安全性等教学现状，我校坚持以下理念：改革传统教学实验方法，以技术驱动教学变革，将互联网、大数据、人工智能、虚拟现实等现代应用技术融入教学和管理中，进行慕课和虚拟仿真实验建设。沈阳城市建设学院建设1000项左右虚拟仿真实验教学项目，提高了实验教学质量和水平，帮助学生更好地理解和掌握课程，开展"实虚结合"的教学模式。学生通过实体比例模型的工地环境模拟，结合先进的虚拟仿真产教融合资源，弥补短板，培养学生的实际工程应用能力，解决与社会需求、企业需求严重脱节问题，符合新工科建设的教学资源打造需求。

沈阳城市建设学院目前已搭建符合专业培养要求的真实实体比例模型实训平台，将工地现场搬到校内，利用虚拟仿真，实现实虚平台之间既独立又合作的实训模式。学校还通过校企联合培养的方式构建校外实习基地，组织学生到企业之中进行真实实习实训，熟悉真实的工作环境和业务。在明确的目标基础下，针对实践教学应用，"实虚结合"的教学模式（图5-1）形成了理论与实践的完美结合，达到了感性认识和理性认识的辩证统一闭环。以沈阳城市建设学院土木类课程"土木工程施工"为例，学生通过理论学习并应用工程实体比例模型，通过置身于真实工地施工环境，熟悉土方工程施工、基础工程施工、钢筋混凝土工程施工、预应力混凝土工程施工、砌筑工程施工、结构安装工程施工、防水工程施工、装饰工程施工的相关工艺，达到对课程的感性认识；再通过土木工程施工工艺仿真模拟软件，对场地平整、土方开挖、桩基础工程、脚手架工程、模板工程、钢筋工程、混凝土工程、砌体工程等进行现场施工模拟，正确选择机械、材料，掌握各个施工过程的施工工艺流程及施工要点，经过虚拟仿真软件操作训练，将感

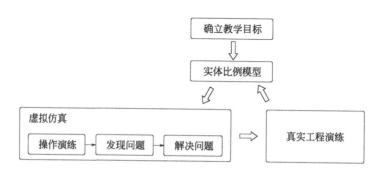

图5-1　土木工程施工"实虚结合"教学模式

基于"五实育人"的
土木类专业人才培养模式研究与实践

性认知上升到理性认识；随后学生通过真实工程实操将理性认识应用到实践，更深刻地掌握了课程内容。

以测绘工程专业的变形测量实训为例，学生通过实体比例模型进行教师演示垂直度观测训练，了解真实工程环境中垂直度观测的重要性和测量的真实环境，再通过虚拟仿真系统进行模拟操作练习，进一步熟悉了解变形观测的本质。对变形测量的相关知识产生感性认识，随后通过教师带学生到实体比例模型处进行分组操作，并通过校企实训基地进行真实项目演练，该操作对变形监测的原理、操作流程、重要性等知识产生了进一步的理性认识，最后回到虚拟仿真软件进行数据处理，对整个课程达到了更具体的掌握。

"实虚结合"的教学模式符合"秉承实践教学传统，加强创新能力培养，提高学生全面素质"的要求，让学生对所学知识达到了更深刻的理解和更理性的认识。

5.1.2 "实"与"虚"的教学模式概念

5.1.2.1 土木类专业常见实践教学方式"实"

实践是践行"人之为人"的教育本质的活动，是任何教育都不可或缺的基本内容。学生通过掌握实验方法、操作规范和技能，反复进行各种练习和操作，以培养自身发现问题、分析问题和解决问题的能力，从而实现由认识-实践-认识的转化。实践是认知的来源，是提高学生专业技能，提升应用型本科院校毕业生应用能力和实践能力水平的重要手段。

实验室是学生熟悉基本操作的场所。为保证实验的专业性，各高校必须加大对实验室的投入。校内实训基地主要是专业的实训室。学生在拥有一定专业基础知识的前提下，经由实训导师带领在实训基地实习，以巩固专业基础知识。也就是通过专业基础知识和实践操作能力的交替学习来达成实践教学的教学目标。应用型本科院校应完善校内实训基地的建设，以实体比例模型创造真实的实训环境，将实际施工现场引入校内，为学生创建实体1∶1的施工现场环境。校外实习基地主要是选择与学生专业相关密切的用人单位，通过学校将企业和学生联合，安排学生定期去实习基地实习，提升本身专业技能，帮助学生更真实地认识岗位职责，提高本身职业道德素质，有利于学生毕业后更快地适应职业发展需要。应用型本科实践教学的设施主要是实习、实训、实验、实践需要使用的各种用品、器具、工具等。

实训中心的建设依据建筑结构类型的发展，按照常见的结构类型——砖混结构、框架结构、剪力墙结构、钢结构四种进行建设。每一种结构类型按土建施工过程又可分为地基基础工程、主体工程、屋面工程及装饰工程四个主要的分部工程。因此根据目前建筑行业常用建筑知识体系，经调研后我们以建筑结构类型为纵轴，以分部分项工程为横轴，绘制成1:1建筑模型所包涵知识点的表格，见表5-1。

表5-1　建筑模型展示内容

分部分项工程	结构类型			
	砖混结构	框架结构	剪力墙结构	钢结构
基础工程	毛石基础、砖基础大放脚、防潮层	独立基础、有梁条形基础、无梁条形基础、柱下十字交叉基础	箱形基础、筏板基础、桩基础	型钢与钢筋混凝土基础连接
主体工程	砖墙组砌、构造柱、圈梁、脚手架	板、梁、柱、楼梯、悬臂构件、外墙保温构造	剪力墙、剪力墙柱	重钢厂房、轻钢厂房、轻钢住宅、墙板铺挂
屋面工程	木结构坡屋面、钢筋混凝土坡屋面	女儿墙、平屋面构造、檐沟、烟囱等构造		彩钢瓦屋面、夹心保温板屋面
装饰工程	木门窗、清水墙、内外墙保温、木吊顶	铝合金门窗、小规格面砖、大规格面砖、涂料、装饰抹灰	金属吊顶、整体类地面、块料地面	钢门窗、塑钢门窗
基坑支护	土钉墙、地下连续墙、人工挖孔灌注桩、打入桩、井点降水、土层锚杆、钢板桩、土体自然坡度			

实训基地是学生提升专业技能的主要场所，为学生提供实践的机会和平台，通过创造良好的环境激发学生学习的积极性和操作热情。校内的实验室、实训基地是基础，可以完成一些项目的基本操作，既能提高实训效果，也大大降低办学成本。校外实习基地是校内实训场所的延伸和补充，能有效缓解校内资源的不足，也是学

生走向社会的一个过渡桥梁，它能够为学生提供包括基本技能和综合能力等多方面的实践训练。实训基地主要分为三种：实验室、校内实训基地和校外实习基地。实验室是基础，校内实训基地是拓展，校外实习基地是综合。应用型本科院校应该统筹规划，促进实验室、校内实训基地和校外实习基地协同发展。

按照沈阳城市建设学院应用型人才培养目标，优化实验课教学内容，开发实验教学新模式。校内建设实训中心开展的实验包括基础实验、专业基础实验两个方面，其中基础实验主要指物理实验，专业基础实验根据理论教学内容，安排每个科目的具体试验项目，适当增加设计型与综合型实验，与实际相结合，切实提高学生的动手能力与创新精神。

以实践教学预期"学习产出"为中心，即培养应用型人才为目的，以职业岗位为导向，逆向设计各实践环节，对所有实践环节进行统筹安排，有机组合，合理衔接，整体培养。

实践体系：构建"专业基础能力培养—专业核心能力培养—专业技能培养"三层次分阶段培养训练的实践教学体系。

应用能力：依托企业深度合作，突出应用能力培养。毕业设计来源于工程一线，解决工程实际问题，深化应用能力培养。

从课程来说，根据土木工程学院培养应用型人才的特点，适当安排实践教学时间。按课程特征，各个专业开设了多项与理论相结合的实验、实习、实训等实践环节。

利用校内实体比例模型能熟悉土木工程结构体系，以1∶1的工地现场进行讲解，既能保证学生的安全，除去工地实践的潜在危险，又能置身于真实工地环境中，体验施工现场环境，熟悉基坑工程施工方法以及桩的类型，熟悉基础类型及基础施工内容，掌握砌体工程的砌筑要求，掌握扣件钢管脚手架施工要求，熟悉钢筋连接技术、模板工程类型及防水工程、装饰工程施工相关工艺要求。培养学生理论和实践相结合的能力，为毕业后从事相关工程施工打好基础。

以"土木工程施工技术实训"为例，实训的重点内容就是让学生能精通各类建筑的施工工艺，明确施工工艺流程中的各个施工要点，能对整个施工环节起控制和指导的作用。因此，施工工艺流程的展示及相关施工细节的展示至关重要。综合分析施工工艺流程的要素后可以发现，一个完整的工艺流程从识读图纸开始，一直到质量验收完成结束。此过程中包含的知识：建筑施工图的识读、建筑材料性状、建筑施工机械、建筑施工工序及操作要点、建筑施工质量控制和验收、建筑施工安全控制、建筑资料整理等。这些组成中涉及实体建筑的部分是材料、机械、工序操作、质量情况，故而在展示的硬件中以这部分内容为主，通过按工艺流程层层展开的模式进行展示。

从图5-2中可以看出，此图为女儿墙泛水构造节点做法的展示区，在此区中，将屋面板混凝土浇筑完毕后对女儿墙泛水施工工艺流程进行了全面的展示，从中可看到此施工过程中所用的材料、构造层次、节点处理等，同时可采用质量检验工具检测施工质量，并填写相应的施工资料。

图5-2 女儿墙泛水构造

利用实体比例模型的真实环境，让学生体验通过在实体比例模型环境中，置身于真实工地现场，利用检测仪器进行实操，体验真实工作环境，以实习的手段可强化学生对于仪器设备的真实感受，同时体验行业真实工作环境，利于学生对基本实验操作技能的巩固与提升。并且通过实体比例模型的真实工地环境模拟，更贴近实际工程环境，使学生更深刻地理解了的土建行业，同时通过分组训练有效锻炼了学生的实际动手能力，培养学生的团队合作意识。线下实验具体实施流程：实习分组、仪器操练、发布任务、学生实验开展和教师指导、以组为单位提交成果。

5.1.2.2　土木类专业常见虚拟实践教学方式"虚"

VR 的英文全称为"Virtual Reality"，即虚拟现实。VR 一词的提出者Jaron Lanier 认为，VR是指由计算机生成的三维交互环境，用户通过参与到这些三维交互环境之中获得角色，进而得到体验。具体地说，VR 是一项汇集多种高新技术的计算机综合技术，它集中体现了计算机图形学、显示技术、人工智能、传感技术、多媒体技术等多个领域的最新发展成果。我国学者赵士滨给出了较为全面、规范的定义：虚拟现实是一种可以创建和体验虚拟世界的计算机系统。它是由计算机生成的，通过视、听、触觉等作用于使用者，使之产生身临其境的交互式视景的仿真。它综合了计算机图形学、图像处理与模式识别、智能技术、传感技术、语音处理与音响技术、网络技术等多门科学，是现代仿真技术的高级发展和突破，使用者借助必要的设备自然地与虚拟环境中的对象进行交互作用、相互影响，从而产生亲临真实环境的感受和体验，使人机交互更加自然、和谐。从广义上讲，在虚拟环境中进行的一切教与学的交互活动都可以称为虚拟仿真教学。从狭义上讲，虚拟仿真教学是一种新型的教学形式，它是利用虚拟仿真技术，模拟一个逼真的虚拟学习环境，调动学生视觉、听觉、触觉等各种感官接受、处理、反馈与学习有关的信息，从而激发学生的学习兴趣和创新意识，开展自主探索、勇于创新的学习活动。作为一种全新的人机交互模式，VR 旨在通过计算机创建一种看似真实的人为虚拟环境。这种人为虚拟环境是一种以视觉感受为主，同时综合听觉、触觉等感官体验在内的人工环境，既可以是对真实世界的再现，又可以是纯粹构想的人造世界。用户可以通过借助一定的传感设备参与到该模拟环境之中，实现用户与虚拟环境之间的交互。其特点在于，它可以为用户提供多种感官的逼真体验，使用户产生身临其境的感觉。

社会信息化已经成为必然趋势，虚拟实验也已经成为数字化学习环境下不可或缺的部分。

① 虚拟现实技术与实验教学的深度融合催生了虚拟实验教学模式，改变了传统实验教学模式。虚拟实验就是利用包括VR在内的相关技术，在计算机上营造的一种可以由学习者自主操作控制实验活动的数字实验。

② 根据沉浸感的程度划分，可以分为桌面式VR系统、沉浸式VR系统、分布

式VR系统以及遥感式VR系统四类。桌面式VR系统是利用计算机和低级工作站实现仿真的，用户通过计算机屏幕观察虚拟环境，并且通过键盘、鼠标等外部设备操纵虚拟环境。该类系统沉浸感不足，但是成本低，目前在国内开发的用于教学的VR教学系统多数属于这类。沉浸式VR系统是指利用头盔显示器和数据手套等交互设备，使用户与虚拟环境进行交互，真正成为系统内部的一个参与者，该系统沉浸感强，我校的虚拟教学全息仿真系统即为沉浸式VR系统。分布式VR系统是指位于不同物理位置的多个用户或多个虚拟世界通过网络相连，共享信息的系统。增强式VR系统是指把真实与虚拟环境组合在一起的VR系统。桌面式虚拟实验系统，即一种以计算机为操作平台，通过VR技术模拟实验操作环节的学习方式。只要在计算机中装载虚拟现实实验系统软件，给每个学生一个账户和密码，学生就可以登录虚拟实验平台进行学习。这种虚拟实验软件相对于其他模拟软件而言具有明显的优势，其体验感要更胜一筹。虚拟实验应用虚拟现实技术的图形、可视化等功能为学习者提供很好的视觉体验，有助于加深学生对一些实验现象的理解。而且，虚拟实验系统里的实验环境和实验设备都是通过VR技术虚拟出来的，避免了实验设备损耗和更新换代所造成的成本问题。此外，虚拟实验还可以避免真实实验可能带来的危险，缩短实验周期，使学生更加敢想敢做，激发学生的创新思维，培育学生的创新精神。例如，"土木工程施工技术"课程在进行软件虚拟仿真操作时学生可以通过VR实验系统进行场地平整、土方开挖、桩基础工程、脚手架工程等相关实验的练习，避免了去真实施工场地可能产生的危险。

5.1.3　实虚结合教学模式内容

5.1.3.1　"实虚结合"——虚拟教学全息仿真系统模式

在虚拟教学全息仿真系统模式中，教师根据教学目的和教学对象的特性，以教学计划为基准，使学生掌握到更多的媒体信息，构建科学的教学过程框架，调动学生获取知识的积极性，让其能更好地学习到相关技能，取得最优化的教学成果。

全息教育中心区域分为3个部分，从前到后排布如下。

① 全息设备区。单体开放式全息室，提供更好的师生互动。

② 活动座椅区。根据具体全息教案情况可灵活调节，以最佳体验方式使用全息教学。

③ 固定桌椅区。预设为全息内容创作中心，师生可使用提供的内容制作工具学习虚拟内容制作，参与或独立进行内容创作。

全息虚拟仿真现实采用先进的技术理念和技术手段，基于真实的实训环境、真实的实训设备、真实的实训任务和真实的实训流程构建虚拟仿真软件，作为"实虚结合"一体化的教学与实训系统，可完成测绘专业中相关专业课实验的全方位教学与实验任务。

以"摄影测量基础"课程为例，以教学目标和教学对象为依据，进行教学方案的设计，使学生接触到更多的媒体信息，形成合理的教学过程结构。

首先，带学生体验真实施工环境，带学生到实体比例模型处进行基本讲解，利用实体比例模型环境理解真实项目环境，对所学的知识有一个基础认识。其次，教师通过相关理论教学，让学生在处于实体比例模型的真实施工现场中，在真实工程环境的情况下更好地理解专业知识，之后通过教师在虚拟仿真软件中演示，到学生分组体验无人机虚拟仿真教学软件，了解无人机设备，通过组装、拆装无人机掌握无人机构造，再与教学平台结合，体现教、学、练、考等教学功能，教学资源生动，教学活动丰富，可以对学生操作进行精准评估，充分体现出教育信息化的发展方向。

无人机测绘虚拟仿真课堂中，利用全息仿真系统模式教学内容实施，要制作整个全息虚拟仿真设备的操作手册，全面系统地介绍立体眼镜的佩戴、操作手柄的使用方法，以及无人机设备的构造演示。无人机型号主要分为固定翼无人机、混合翼无人机、六旋翼无人机。无人机演示的项目案例包括地籍测量、地形测量、倾斜摄影测量。可以选择3D展示无人机实际工程项目的整个过程，并根据实际情况插入理论知识点进行讲解，或是以选择的形式考查学生。展示过程中的互动，如无人机参数的设置、镜头的选配等，学生可利用操作手柄在全息影像中进行交互式操作，完成虚拟认知、虚拟项目演练、虚拟考核等功能。

① 无人机设备构造学习。了解不同型号的无人机各结构构件，虚拟拆解、组装无人机，并以弹出文本框的形式来显示组装要点、检查方法和标准等知识。

② 无人机案例演示学习。仿真演示无人机航空摄影测量数据采集及后期数据处理过程，并弹出文本框的形式来显示步骤要点、标准等知识。

③ 教学模式。演示＋练习模式。无人机虚拟仿真实验教学项目坚持以学生为本的教学理念，以学生的需求为导向，教师讲授之后，学生可分组进行演练，通过演

练更深刻的理解无人机航空摄影测量数据的采集过程，面向行业发展，使学生的综合素质满足社会要求，着重提高学生的创新力和实践力，调动学生参与实验教学的积极性和主动性，激发学生的兴趣和潜力，增强学生的创造力。

如图5-3~图5-6所示为全息仿真系统模式应用于教学中。

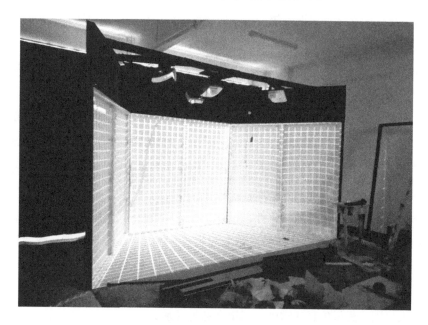

图5-3　全息仿真系统演示

图5-4　教师虚拟仿真授课演示

基于"五实育人"的
土木类专业人才培养模式研究与实践

图5-5 学生分组实践

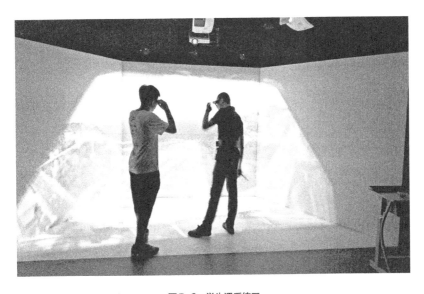

图5-6 学生课后练习

5.1.3.2 "实虚结合"——"虚拟仿真软件模式"

土木类专业学生实践过程中存在着很多问题：实践过程综合性强，资源消耗大，成本较高，难以安排实验；同时受到场地、环境和土木工程施工周期的限制，无法让学生了解施工全过程的各项工艺。

避免高危险、防患于未然是对学生安全的基本保障，是各行各业尤其是具有一定危险性行业，如土木建筑行业的关注重点。高处坠落、物体打击、机械伤害、起重伤害、触电、坍塌事故"六大伤害"随时随地都威胁着建筑类务工者的生命安全。利用实体比例模型完好地复制施工现场，将施工现场建设于学校中，可以在确保人身安全的情况下，切实理解施工整体环境，让学生在真实工地环境中学习、实践。而虚拟仿真系统通过模拟施工过程，根据实际需要在任意时间、任意地点进行虚拟施工，可以快速进行模拟训练。比如在混凝土实验中，可以利用软件加速混凝土凝固时间，迅速完成整个施工流程，让学生更好地掌握混凝土施工工艺。此外，学生既可按施工工艺顺序操作，又可根据实训需要自主进入某项任务反复操作，提高学习效果。可以将长时间施工过程在很短时间内呈现给学生。通过虚拟仿真系统，例如，喷锚支护施工工程项目中的分层喷射混凝土时，后一层混凝土应在前一层混凝土终凝后再进行喷射，而虚拟技术在几秒内就可以实现，学生可以对施工过程有一个更全面、更完整的认识。虚拟仿真技术能构建一个虚拟环境和实验对象，为科学开展现场实习实践提供了良好的训练环境。

（1）维启建筑施工工艺仿真实训平台

以"土木工程施工"课程实训为例，在土木施工理论知识的学习过程中，学生不能看到实物，老师对施工工序讲解比较抽象，学生难以理解。实体比例模型可以让学生避免危险，真实体会到工地的真实环境，能更好地理解专业真实工作环境，看到整个施工流程；同时为了让学生可以完全理解整体施工过程，完全参与工程的全过程，可以利用虚拟仿真系统进行教学。施工虚拟仿真技术能利用其仿真可视化以虚拟的实物为学生展示完整施工过程，提供给学生一个良好的学习平台，学生能够根据虚拟场景的设定对施工流程的各个细节展开深入了解，尤其是对工程施工难点和关键环节有直观性的认知，实现理论与实践的结合。对于施工仿真系统模拟实际施工过程，所有的实验都是依靠计算机软件及数据设定而成的，实验成本低。

虚拟仿真可以设定各种错误的环境，让学生分析问题和解决问题，同时根据学生的学习需要设定不同的难度，实现阶梯化与个性化的设计。这能锻炼学生的独立思考能力，提高学生对施工的兴趣以及对实际问题的解决能力。施工虚拟仿真技术可以实现实验室的全面开放，通过网络技术与设备搭建一个完整的系统，打破时间和空间的限制条件，完成各项教学任务。施工虚拟仿真技术可以模拟项目过程，学生结合施工工艺对工程人员、材料、机械进行安排，锻炼学生资源调配能力和工程管理能力。

软件融入工程进度、质量和成本三大目标的训练，以三维动画的形式配合得分，直观展现。学生能通过训练寻找最佳施工方案和最优工期，并实现合理的最低成本。学生通过软件了解施工阶段的主要职责，强化学习能力。软件通过施工员角色让学生进行技术交底，强化学生对施工能力重点和难点的掌握及提升灵活应用能力，提高学生对施工工艺、工程做法（材料做法）、各种材料的材质、规格型号、物理及化学性能的认知等。

维启建筑施工工艺仿真实训平台，是基于BIM技术、3Ds Max三维模型软件开发的建筑施工工艺虚拟实训系统。它利用3Ds Max强大的三维渲染功能，逼真地再现了建筑施工场景和工艺，以完全仿真的形式展现了建筑主体结构工程、装饰装修工程、设备安装工程和建筑施工测量等施工工艺流程。它将多模式登录入口BIM功能、细节剖切展示、图纸平铺施工现场、材料器具汇总、项目小结等界面及功能进行了全面升级，并采用了全新五大员角色扮演游戏模式，趣味学习专业技能知识，更专业、更全面、更活学。同时配套完善教学教材、行业规范，无缝对接BIM虚拟教学系统，实现理、实、虚教学的完美结合。如图5-7和图5-8所示为桩基础施工模拟。

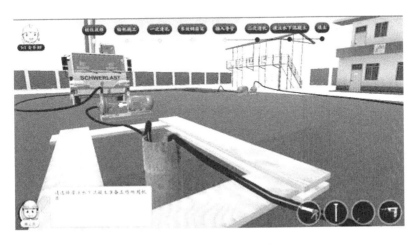

图5-7 桩基础施工模拟（一）

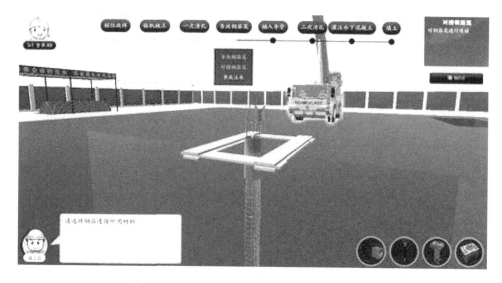

图5-8　桩基础施工模拟（二）

（2）南方测绘仿真实训平台

南方测绘仿真实训平台是由南方测绘开发的智能化实验教学系统。目前面向用户开放二等水准测量和数字测图仿真系统，满足土木类测量实验教学的需求。水准测量虚拟仿真实训系统的水准测量是用水准仪和水准尺测定地面上两点间高差，精确测定地面点高程。依据水准测量的原理、仪器操作、测量方法等内容，水准测量虚拟仿真实训系统具备以下功能模块。

① 设备认知：外观高度逼真，并且外形尺寸与真实的南方DL-2003A水准仪相同，用户可点击仪器设备的不同部位，显示仪器的部件信息。

② 仪器架设：安放脚架、安装仪器等仪器架设操作步骤与方法，如图5-9和图5-10所示。

③ 线路测量：使用水准仪完成线路测量的步骤与方法。

④ 二等水准测量：使用水准仪完成二等水准测量的步骤与方法。

⑤ 数据输出：导出数据格式兼容CASS软件。

⑥ 智能考核：具备闯关功能，对学生的每步操作的正确性、规范性进行自动记录、评估、计分，并输出和提交详细的考核记录单。

图5-9 水准仪安置操作

图5-10 水准仪操作界面

通过上述功能，该套软件系统可对学生水准测量操作技能进行全面考核，提升学生专业技能。此外类似于游戏的闯关模式设计极具趣味性，能够提高学生的实验兴趣，增强自主学习能力。

数字测图是以算机及其软件为核心，在外接输入和输出设备的支持下，对地形间数据进行采集、输入、成图、绘图、输出、管理的测绘系统，如图5-11所示。

图5-11　测量区域全图

依据数字测图的基本原理、仪器操作和测量方式，数字测图仿真实训软件具备以下功能模块。

① 设备认知：外观高度逼真，并且外形尺寸与南方NTS340系列全站仪相同（图5-12和图5-13），当鼠标移动到零部件上时，自动高亮显示部件和名称。

② 仪器架设：安放脚架、安装仪器、锁紧仪器、调节对中、整平、照准、镜头调节等仪器架设操作步骤与方法。

③ 坐标放样：新建项目、测站设置，输入坐标，瞄准棱镜，显示偏差，调整棱镜到放样点坐标位置。

④ 碎部测量：使用全站仪完成碎部测量的步骤与方法，如图5-12和图5-13所示。

⑤ 数据输出：导出数据格式兼容CASS软件。

图5-12 全站仪测量

图5-13 全站仪操作界面

⑥ 智能考核：具备闯关功能，对学生的每步操作的正确性、规范性进行自动记录、评估、计分，并输出和提交详细的考核记录单。

此外，软件中还加入GPS-RTK图根点测量功能，可以让学生根据数字测图场景需要灵活布设图根控制点，如图5-14所示。

图5-14 GNSS-RTK图根点测量

　　虚拟仿真实验能够带来沉浸式＋交互式体验，能操作，能够让学生深入了解实验原理、仪器部件、操作流程等实验内容，形成立体化、结构化的仪器认知，具备独立完成测量任务的知识能力；通过逼真形象的三维场景，能够让学生更加直观地了解控制点的布设、碎部点的选取。虚拟仿真实验教学具体实施流程如下。

　　① 系统演示。介绍系统操作的基本命令键，水准仪、全站仪的基本操作要领及注意事项。

　　② 上机操练。要求学生完成训练关卡的各种练习，掌握基本操作技能。

　　③ 发布任务。如水准测量仿真实验可以发布闭合水准路线测量、附合水准路线测量、支导线测量三种测量模式，数字测图实验发布指定区域的地形测量等。

　　④ 学生实验开展和教师指导。教师线上回答学生测量过程中出现的技术问题，如水准观测数据的记录、限差要求、地形测量特征点的选取等。

　　⑤ 提交考核记录单。鼓励学生反复练习，每个人提交最佳的考核结果，达到提升技能的目的。

基于"五实育人"的
土木类专业人才培养模式研究与实践

5.2 实虚结合工作的实施方案与具体措施

5.2.1 实虚结合工作的实施目标

人才培养的首要目的是适应和改造社会，推动社会发展前进。为使所培养的人才能够符合时代发展要求，顺应时代变化，根据应用型人才的特质以及行业需求，制定人才培养方案，促进应用型人才培养目标由边缘地位向中心地位转移。实践教学目标的制定应该从单纯注重传统的理论研究学习向注重职业能力与应用能力培养转变。因此高校要统筹应用型人才培养的实践教学宏观目标，挖掘实践教学目标之间的共性，将实践能力和创新能力作为首要目标，指导实践教学活动的开展。

实践教学目标是各构成要素的核心，是实践教学应该达到的标准，是一切实践教学活动的出发点和归宿。它决定着实践教学内容、管理、保障、评价体系的结构和功能，在一定程度上决定其他体系的有效运行。实践教学的目标分为不同层次，包括：实践教学人才培养总目标、各高校实践教学的目标、各专业培养目标及根据实践教学内容不同而确立的目标。实践教学目标与理论教学目标的主要区别在于：将教学融合到应用领域的过程中，锻炼和提高学生的专业理解、应用、执行能力和素质，培养应用型人才。不同层次的实践教学目标都要突出实践性。实践教学体系的人才培养目标是培养面向生产、面向建设、面向管理、面向服务、实践能力强、具有良好职业道德素养的技能型人才。应用型本科各专业的培养目标是依据一定的教学理论、本专业的特色、需要掌握的专业技能，以就业为导向，以服务为宗旨，主动适应形势的发展，深化教学改革。根据实践内容和实践方式的不同可以将实践教学目标细化为：通识实践目标、学科基础实践目标、专业技术实践目标、研究创新实践目标等。

实践教学目标的设置还要循序渐进，遵循学生身心发展规律。此外，各专业的实践教学目标设置必须充分考虑各专业的实际培养需求。为此，高校要明确应用型人才的特质和各个行业的职业能力需求，了解应用型人才的能力层次，以应用能力培养为主线，将教学目标依据能力层次进行逐级分解。考虑到实体比例模型的真实现场模拟以及虚拟仿真VR在实践教学中的应用会使实践教学形成虚拟实践和真实实践两条线，即真实实践教学目标与虚拟实践教学目标相结合，课程实验教学目标与课外创新实践目标相结合，基础实践教学目标与专业实践教学目标以及创新实践教学目标相结合，形成一套系统的目标体系。具体可以划分为基础目标、专业目标和创新目标三个层次。

校企协同是高校获得经费支持的重要渠道。因此，高校必须充分运用自身的资源优势以及教育背景寻求企业的经济支持。为此，高校应积极搭建起与企业之间的利益联系，努力实现高校与企业之间的互利共赢。首先，高校要加大宣传力度，在已经建立起合作关系的企业之间宣传VR技术的优势，力争获得合作企业所提供的真实企业生产数据，与企业共建共享虚拟实验实训平台，共同完善虚拟实验项目，使虚拟实验尽可能逼真，从而优化虚拟实验操作的体验感和使用效果，促进虚拟成果的多产化。高校还要广泛吸纳企业在虚拟实验项目开发方面所提出的意见，保障学生虚拟实验设计的实用性。其次，在企业为高校提供实习岗位的同时，高校也要为企业提供虚拟实训平台和教师指导，为企业提供员工培训的机会，并以虚拟成果优先转让给投资企业为前提，吸引企业投资，从而为虚拟实验成果向现实成果转化提供更加强大的经济支持力量。沈阳城市建设学院土木工程施工教学中进行了实体比例模型的真实施工现场学习以及虚拟仿真实训模拟教学，取得了一定效果，课堂摆脱了传统实训教学中学生低头看手机，注意力不集中的现象。在通过软件虚拟仿真学习的同时，学生也能够自觉发现问题，并且独立解决问题。例如：常规实训中，一些学生能够罗列出施工过程中的重要环节，但是基本上没人能够将施工环节完整地按顺序排列出来，然而通过实体比例模型+虚拟仿真教学的"虚实结合"模式学习后，学生基本都能够完整地掌握土木施工的整个过程：教师在实体比例模型中对整个流程进行讲解，让学生处于一个真实的工程环境中，真实触碰到工程的每一个步骤，让学生切实看到工程，接触到工程，创造了一个真实的环境，之后通过虚拟仿真软件进行整体流程的实践，学生可以掌握整改施工项目流程。因此，虚拟仿真教学能够让学生通过虚拟仿真系统进行虚拟互动、自主学习，教师有针对地进行指导。

"实虚结合"教学模式的根本教学目标是落实实践中学生的主体地位，达到培养应用型人才的目的，通过学习期望达到：

① 转变教师教育教学观念，实现教师由"教学"到"教学生学"的思想转轨，突出学生由被动接受到发现创造的根本转变，全面体现学生在学习过程中的主体地位，让学生通过"虚实结合"的教学模式，形成"感性认识→理性认识→实践"的一个完整过程，使学生真切感受到创新的快乐和超越自我的幸福；

② 改变评课标准，使评价过程成为促进教师发展与提高的过程，同时使评价过程成为引导学生释放潜能的过程，培养学生的应用能力和创造能力，加大过程性考核；

③ 实现以应用能力为主的育人目标，以学生为主体，课堂过程要以学生的课堂学习情况为重点，通过学生"实虚结合"的学习练习模式，培养学生的实际应用能力，达成应用型人才的培养目标。

5.2.2 实虚结合工作的实施过程

"实虚结合"教学实施过程，可以根据课程的不同，将实施流程分为"教学目标设定-实体比例模型现场学习分析-构建虚拟仿真教学平台-教学过程设计-教学实施与评价"，将实体比例模型现场互动与虚拟仿真系统应用有机结合，坚持以学生为主体的地位。具体教学过程可分为"回顾旧知-创设情境-虚拟体验学习-布置训练任务-归纳总结或虚拟考核-布置作业"等环节流程，如图5-15所示。

以工程测量实习中的水准测量为例，说明实施过程。

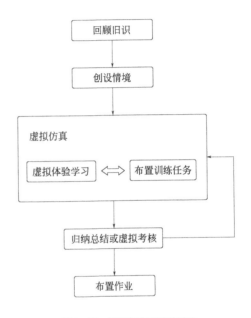

图5-15 虚拟仿真教学实施过程

① 回顾旧知：在实体比例模型中进行知识回顾讲解，在实际工程环境中进行知识回顾，教师演示仪器。

② 创设情境：在实体比例模型中进行课程真实工程讲解，同时通过三维虚拟仿真技术，形象地再现水准仪测量过程，教师引导学生理解水准仪的应用过程，包括仪器的安置过程、瞄准、读数、计数等水准测量的具体流程，帮助学生理解课堂所需内容。

③ 虚拟体验学习：教师借用虚拟仿真系统引导学生学习水准测量整体流程，包括从仪器的安置到最后的记录计算，学生启动南方测绘仿真实训平台自主探索，

教师进行辅助指导。

④ 布置训练任务：经过系统的练习实践，教师阐明学习目标，向学生布置水准测量任务，使学生训练时有的放矢，带着真实问题学习，对着真实技术训练。

⑤ 归纳总结或虚拟考核：教师通过学生在虚拟仿真软件中对仪器的操作，分析学生们的学习成效，并针对学生操作的不足进行讲解，也可通过虚拟仿真软件内置环节要求学生进行测量考核，阐明考核规则和扣分标准，使学生通过考核加深理解。

⑥ 布置作业：教师汇总本节课的学习内容，布置课后作业。

5.2.3　实虚结合工作的评价机制

教学评价具有导向、改进和激励的功能。建立科学的实践教学评价体系不仅可以满足监控实践教学的需要，也是对教师教学方法和学生学习方法的正确导向，同时对实践教学效果具有强力的牵引作用。合理的实践教学评价需要有完整的评价体系、多元的评价主体及多样的评价方法。评价的主体有学校、用人单位、教师以及学生。只有多元化的评价主体才能保证评价的有效性。对教师和学生进行评价，通常从教师的实践知识、实践能力、职业态度、职业素养等方面进行，从学生的专业基础知识、专业技能等方面进行。通过有效的评价可以督促教师积极探索实践教学的方法，提高实践教学的质量，可以使学生重视实践，调动其学习的积极性。对实践教学的评价主要是将过程性评价与终结性评价相结合，才可以有效地检验学生的知识和技能水平。同时针对不同的课程类别将多种方法相结合，体现出评价方法的多样性。

课程类实践考核可采取闭卷考试、开卷考试、口试答辩、动手操作、作业或论文等多种方法。集中性实践教学环节考核可采取现场汇报、团队合作考试、小组调查报告、案例剖析、情景模拟、论文等方法进行。

实验课的过程性评价可以包括：实验预习、实验过程操作、实验结果与报告、课堂考勤等。实习的过程性评价可以包括：考勤、工作态度、工作能力和工作效果等。终结性评价可以通过期末考试试卷，实习或实验报告等方式进行。

总之，根据实践教学活动的不同，从实验、实践、实习、毕业论文等多个方面建立评价指标体系。根据评价对象的不同，从教师、学生的不同主体出发，建立适合的评价指标体系。评价标准的设置主要根据职业资格标准，围绕应用型人才培养目标，突出培养学生的动手能力、创新素养。建立完整的评价指标体系和细化评价标准，才能保证实践教学的顺利进行。

为达到应用型人才培养目的，保障实践教学质量，必须加强实践教学的过程管理，实现目标管理与过程管理的有效结合。尤其是"实虚结合"的教学模式，实体比例模型的演练过程及虚拟仿真技术的运用能够对学生实验过程中的各类操作的过程情况以及相关数据进行记录，都可以列入考核。

进一步加强高校和教师对于实践教学的过程监控，是优化实践教学过程管理的有效手段。一方面，高校可以通过对虚拟仿真系统所记录的各项数据进行分析，严格监控各实践教学环节的具体落实情况，建立实践教学反馈评价机制。同时，还可以虚拟仿真为基础进行过程考核，并将其纳入学期末的结果性评价体系之中，制定虚拟实践教学活动环节以及虚拟成果的学分评定办法，整合虚拟与现实实践教学评价制度的管理办法，制定一条完整的虚拟与现实实践教学评价体系。此外，还要在实践教学培养方案中增加实践教学过程性考核评价比例，明确考核标准，完善考核指标体系。另一方面，教师可以结合虚拟仿真系统，根据学生实验情况的反馈信息对学生的学习行为进行分析与评价，建立学生的学习情况档案，科学评价学生的学习效果，调整教学策略。而整个考核机制的前提是一切虚拟考核必须在明确的训练目标指引下进行，由授课教师进行目标制定。虚拟仿真系统要能为学生创建一种身份，让其明白自己的地位与角色，从而赋予自己应有的责任，获得真实感与存在感。学生在虚拟训练的过程中通过不断发现问题、分析问题、解决问题、交流反思、获得新知。在明确的考核标准和考核规则之下，独立考核，检验自己的掌握程度。通过查看个人考核成绩及扣分情况，总结考核经验。总体来说，评价课程包括以下三点。

（1）健全实践教学评价制度

"实虚结合"的实践教学模式包含的评价方式较多，需要根据内容的不同，完善实践教学评价制度的建设。而评价的具体内容不仅要包含任务的完成情况，更要突出学生的学习态度、创新能力和素养等方面的柔性评价，注重学生能力的提高。对教师不仅要进行教学能力的评价，还要有教学方法、操作技能等方面的综合考量，也可以将教师的实践能力与职称评定、科研考核等挂钩，从而提升教师的实践热情。应用型本科院校建立的考核制度应包含：考核纪律、态度、安全、质量、方法、评价标准等。例如：实验室管理办法、实习管理办法等，明确提出奖惩标准，使得实践活动有章可循。

（2）采用多样化的评价形式

采取丰富的评价形式、多元化的评价主体，旨在加强对学生应用能力的考评，得出公正的评价结果。从考核方式上看，"实虚结合"的教学实践模式可采取现场汇报、团队合作、调查报告、案例剖析、情景模拟、论文等方法进行。不拘泥于传统的方法，积极探讨实践考核的新方法，将实践教学的评价与职业技能鉴定接轨，将职业类竞赛获奖情况、职业技能资格证书等纳入对学生实践能力的评价。

（3）将过程性考核与终结性考核相结合

采用过程性与终结性相结合的考核方式，从重视结果向既重视过程又重视结果转变。"实虚结合"教学模式过程材料多，在实体比例模型的真实工程现场讲解演练过程可以进行阶段考核，同时虚拟仿真软件本身也可记录学生的操作流程及数据等，加入过程性考核可以更好地考核学生对实践的完成度。

整个考核评价机制遵循参与学习的过程，充分体现了以学生为主体，以教师为主导的教学思想，学生自主探究，教师的评价贯穿全程。

5.2.4　实虚结合工作的制度保证

在实践教学中，实践教学的人员配备、基地建设、经费使用等多个方面都制约着实践教学的顺利实施。而制度建设正是规范、完善实践教学实施路径的必要手段。沈阳城市建设学院为加强对实践教学的科学化管理，建立起了全方位的制度保障体系。

第一，结合学校制定教师工作绩效考核制度，完善师资结构，提高师资力量，建立了一支专职化实验师资队伍。

第二，结合学校的实验教学示范中心建设标准及实验教学基地建设和管理办法，建立并完善学校的实验室工作管理制度和实验室资产管理制度、实验教学质量评估办法、实验室安全管理制度等，加强实验室管理。

第三，通过制度建设规范经费的使用。例如，制定实验用品管理办法、仪器设备管理办法，并在日常教学支出预算中设立专款来支撑实验室的设备维修和实验耗材费用。这些制度的建设为实践教学的组织和活动的开展提供了规范化的依据，有利于学校实践环节有序的发展。

5.3 实虚结合工作的成效

土木工程学院依托校企合作基地、实体比例模型实训平台、实训中心各专业实验室、全息虚拟仿真实验室、计算机虚拟仿真教学平台，开展"实虚结合"教学、教改课程建设，并取得了良好的授课效果和丰硕的科研、教研成果。

5.3.1 "实虚结合"课程建设

基于实体比例模型实训平台、虚拟仿真实践平台、实验实习基地，土木工程学院各专业建成了一批以实体比例模型和虚拟仿真技术相融合的特色课程，见表5-2。

表5-2 "实虚结合"课程成果

专业	"实虚结合"课程
土木工程	钢结构设计、混凝土结构设计原理、土木工程施工技术、房屋建筑学、基础工程、建筑装饰装修、工程结构试验与检测、混凝土结构施工、屋面及防水施工、混凝土结构与砌体结构设计、砌体结构施工、高层建筑施工、钢结构工程施工、认识实习（实践环节）
道路桥梁与渡河工程	钢结构设计、混凝土结构设计原理、土木工程施工技术、基础工程、工程结构试验与检测、认识实习（实践环节）
无机非金属材料工程	混凝土工艺学、新型建筑材料、认识实习（实践环节）
安全工程	建筑安全、工程结构试验与检测、认识实习（实践环节）
测绘工程	地籍与房地产测量、变形测量、测绘技术在土木中的应用、变形测量实训（实践环节）

5.3.2 "实虚结合"教研项目

在开展"实虚结合"教学的同时，基于实体比例模型教学平台和全息虚拟仿真系统，土木工程学院积极开展"实虚结合"教研项目，其中包括："新工科视域下《摄影测量基础》课程虚拟仿真实践教学改革研究与实践""新工科背景下三维激光扫描技术（VR+实体）在数字化测图实践教学中的应用研究"等教研项目，教学成效显著。

5.3.3 "实虚结合"多维度课程学习评价模式构建

"实虚结合"的实践教学模式包含的评价方式较多，需要根据内容的不同，完善实践教学评价制度的建设。而评价的具体内容不仅要包含任务的完成情况，更要突出学生的学习态度、创新能力和素养等方面的柔性评价，注重学生能力的提高。对教师不仅要进行教学能力的评价，还要有教学方法、操作技能等方面综合考量，也可以将教师的实践能力与职称评定、科研考核等挂钩，从而提升教师的实践热情。应用型本科院校建立的考核制度应包含：考核纪律、态度、安全、质量、方法、评价标准等。例如：通过实验室管理办法、实习管理办法等，明确提出奖惩标准，使得实践活动有章可循。

5.3.4 "实虚结合"实践教学模式

充分发挥真实与虚拟的各自优势，本着"以虚补实、虚实结合、优劣互补"的原则，优化实践教学资源，做到虚中有实，实中有虚，虚虚实实，完善现有的实验教学体系，并形成一套新的实践教学模式。既有对传统实践教学的继承，又打破其固有教学思维模式，创新结合虚拟技术，真正做到将真实项目与虚拟项目的有机结合。在这样全新的教学模式下。学生不但可以参与实际的项目进行操作，还可以利用虚拟仿真实验平台，参与一些线下无法开展的实践项目，高效地提高实践类教学效果，培养学生综合发展的需求。

5.3.5 建立"实虚结合"实验室管理制度

建立了完善的实体比例模型实训基地和虚拟仿真实验室管理制度，增强了实体比例模型实训基地和虚拟仿真实验管理服务水平。基于OBE教学理念，以成果为导向，全面提升学生的专业技术水平，形成以学生为根本，以教学为主体，建立师资队伍的建设的实验室管理制度。

5.4 实虚结合工作的典型案例

通过实虚结合建立不同维度的实虚结合授课方式和教学改革研究，实体比例模型教学与虚拟仿真教学相结合、计算机虚拟仿真教学与实验实训授课相结合、实体比例模型教学与相关网络二维码扫描自主学习教学、线上虚拟仿真-理论授课-全息虚拟仿真授课-实习授课-校企合作实践项目授课全流程、多角度虚实结合等方式让学生更好地体验实习的整体流程。遵循土木工程学院各专业人才培养要求，从知识传授到技能培养，从能力养成到观念改变，教学成效斐然，并取得了一系列成果。其中土木工程专业课程《土木工程施工技术》和测绘工程专业课程《变形测量实训》作为实虚结合教学典型课程，以"学"引导"做"，以"做"反馈"学"，培养掌握从事相关专业岗位所需要的基本知识、基本技能和专业技术，达到"以虚补实、虚实结合、优劣互补"的目的。

以下介绍实虚结合教学典型案例——《土木工程施工技术》实虚教学课程。

① 学生通过学习并应用工程实体比例模型，熟悉土方工程施工、基础工程施工、钢筋混凝土工程施工、预应力混凝土工程施工、砌筑工程施工、结构安装工程施工、防水工程施工、装饰工程施工的相关工艺，达到理论知识的感性认识。基础结构施工介绍和钢结构安装工程施工如图5-16及图5-17所示。

② 再通过土木工程施工工艺仿真模拟软件的实训模式，对场地平整、土方开挖、桩基础工程、脚手架工程、模板工程、钢筋工程、混凝土工程、砌体工程等做现场施工模拟，正确选择机械和材料，掌握各个施工过程的施工工艺流程及施工要点，如图5-18和图5-19所示。

图5-16　基础结构施工介绍

图5-17　钢结构安装工程施工

基于"五实育人"的
土木类专业人才培养模式研究与实践

图5-18 土木工程施工仿真模拟软件——桩基施工模块

图5-19 土木工程施工工艺仿真模拟软件教学课堂

③ 经过实际虚拟仿真软件操作训练，对理论知识产生更深刻的体会，达到了理性认识，随后学生通过真实工程实操将理性认识应用到实践，最后通过实体比例模型的检验，可以真实体会到施工工艺流程，将实际工程的实践与虚拟仿真结合，更深刻地掌握了课程内容，如图5-20和图5-21所示。

图5-20 现场施工——脚手架工程

图5-21 现场施工——梁板工程

基于"五实育人"的
土木类专业人才培养模式研究与实践

第**6**章

课岗证结合

6.1 课岗证结合工作的目标与思路

6.1.1 土木类课程群介绍

教育部积极推进新工科建设，先后形成了"复旦共识""天大行动"和"北京指南"。新一轮的科技革命要求高等教育跳出"象牙塔"的单一视野，综合科技、经济、社会、全球化等多视角，分析、预测和应对未来发展。对应用型高校来说，打造地区"产业伙伴""地方智库""人才特区"高地成为学校发展的落脚点。应用型高校从规格升级到内涵建设的过程中，启动了对传统专业教学改革的尝试，成立了课程组，解决了共同备课、共同出卷、流水阅卷等问题，也暴露出一些亟待解决的结构性问题。比如，如何解决传统专业教育体系造成的专业基础课与专业课内容和结构脱节，对接企业、对接行业认知不足，工程实践能力不强等问题，以及面对新技术变革带来的"双师型"教师队伍建设问题。为此，应用型高校的工程教育亟待转换思路，融入新工科建设，对传统工科专业进行升级改造；在优化传统工科教育的基础上，积极建设一流专业，发挥专业建设在工程教育中的重要作用，并通过对地区人才需求和岗位要求能力分析，推动"1+X"证书试点制度进校门，合理规划专业课程体系，实施专业课程群建设等改革措施，进一步提高教育教学质量，促进高水平应用型人才的培养。

课程群是由本专业或跨专业的若干门在知识、方法等方面有逻辑联系的几门课程构成的一个体系。与单门课程建设不同，课程群建设过程中，更多的是要考虑不同课程在学生专业发展过程中所起到的作用。将不同课程的内容进行整合优化，减少不必要的重复内容，达到大课程建设的目的，培养学生系统学习的能力。课程群建设不是简单的课程集合，是基于知识体系构筑的有机课程体系模块。课程群建设内容不仅包括指导思想、教学管理及教学制度建设，也包括课程群的课程体系建设、实践教学建设、课程群教改教研建设，还包括课程群的基础设施建设（资源配置）、师资队伍建设等。因此，课程群建设应以"学生为中心"的理念贯穿课程设计全过程，以"产出导向"理念作为教学设计的出发点，以"持续改进"理念为落实和提升目标达成提供依据，构建集智能、能力、素质一体化的培养体系，建设一组富有特色的课程群。

沈阳城市建设学院土木工程学院按照立德树人、工程教育认证理念，构建服务面向土建行业及相关领域专业群，加强专业间的依托与支撑。核心专业为土木工程、道路桥梁与渡河工程、智能建造，相关专业为安全工程、测绘工程、无机非金属材料工程。6个专业通过土建特色融为一体，在建设项目实施阶段相互依存，相辅相成。专业群中的各个专业根据自己的专业特色，培养符合社会需求和教育要求的应用型人才。

土木工程学院以专业群为基础，构建应用型专业"五大"平台，即"教学资源共享平台""实习基地共享平台""实验实训共享平台""教学团队共享平台""社会服务平台"，以平台实现资源共享，构建相应的应用型人才培养课程体系，实现应用型人才培养。

在各专业群的建设基础上，专业根据自身培养目标及规格把专业知识体系分为不同大类的知识领域，建立平台，保证专业知识的完整性。以职业能力培养为重点，以执业资格证考试大纲为参照，与行业企业深化合作，基于工程建设全生命周期、全过程开发建设课程群，形成课程团队。各专业课程群建设见表6-1~表6-5。

表6-1　土木工程专业课程群建设一览

课程群	知识领域	主要课程	教育目的
力学类课程群	力学原理与方法	理论力学	通过对该系列课程的学习，使学生可以掌握力学的基本概念和基本理论；了解构件及结构的受力性能和构造规律，可以分析、解决一些简单的工程实际问题
		材料力学	
		结构力学	
		土力学	

课程群	知识领域	主要课程	教育目的
专业基础类课程群	专业技术相关基础	土木工程概论	通过对该系列课程的学习，使学生可以掌握土木工程学科的基本理论知识和基本技能，可以对一般专业问题进行分析，了解正确的处理措施和方法
		工程测量	
		工程地质	
		土木工程材料	
		房屋建筑学	
工程管理类课程群	工程项目经济与管理	建设工程项目管理	通过对该系列课程的学习，使学生可以掌握土木工程项目经济与管理的基本理论、方法和手段，可以运用市场规律和技术规律，提高学生对工程实际管理的认知程度
		土木工程施工组织与管理	
		建筑工程概预算	
		建筑工程质量与安全管理	
		工程建设招标与投标	
		建设法规	
结构设计类课程群	结构基本知识和方法	荷载与结构设计方法	通过对该系列课程的学习，使学生可以掌握及了解各种结构、构件的特点和应用，掌握各种构件及结构的受力性能、基本知识和方法，能够正确识读和绘制施工图纸，正确理解和运用行业规范，建立初步工程经验
		混凝土结构设计原理	
		混凝土结构与砌体结构设计	
		钢结构设计	
		工程结构抗震设计	
		高层建筑结构	
		基础工程	

课程群	知识领域	主要课程	教育目的
施工类课程群	施工技术与方法	土木工程施工技术	通过对该系列课程的学习，使学生可以掌握土木工程施工的基本知识、基本理论和基本方法，可以有效处理土木工程施工过程中的一般技术问题，了解处理的原则、方法和步骤
		高层建筑施工	
		建筑工程事故分析与处理	
		施工图识读与会审	
计算机辅助课程群	计算机应用技术	土木工程 CAD	通过对该系列课程的学习，使学生可以掌握辅助土木工程设计软件的基本操作与应用，学会应用计算机技术为土木工程专业服务
		办公软件在专业中的应用	

表6-2　道路桥梁与渡河工程专业课程群建设一览

课程群	知识领域	主要课程	教育目的
力学类课程群	力学原理与方法	材料力学	通过对该系列课程的学习，使学生可以掌握力学的基本概念和基本理论；了解构件及结构的受力性能和构造规律，可以分析、解决一些简单的工程实际问题
		结构力学	
		土力学	
		岩体力学	
专业基础类课程群	专业技术相关基础	工程测量	通过对该系列课程的学习，使学生可以掌握道路桥梁与渡河工程学科基本理论知识和基本技能，可以对一般专业问题进行分析，了解正确的处理措施和方法
		道路工程材料	
		路基路面工程	
		桥梁工程	
		基础工程	

课程群	知识领域	主要课程	教育目的
工程管理类课程群	工程项目经济与管理	施工组织与建设项目管理	通过对该系列课程的学习，使学生可以掌握道路桥梁与渡河工程项目经济与管理的基本理论、方法和手段，可以运用市场规律和技术规律，提高学生对工程实际管理的认知程度
		道路桥梁工程概预算	
		地下工程施工组织	
		工程建设监理	
		工程建设招标与投标	
结构设计类课程群	结构基本知识和方法	混凝土结构设计原理	通过对该系列课程的学习，使学生可以掌握了及解各种结构、构件的特点和应用，掌握各种构件及结构的受力性能、基本知识和方法，能够正确识读和绘制施工图纸，正确理解和运用行业规范，建立初步的工程经验
		道路勘测设计	
		钢结构设计原理	
		桥梁抗震设计	
施工类课程群	施工技术与方法	隧道施工	通过对该系列课程的学习，使学生可以掌握道路、桥梁、隧道施工的基本知识、基本理论和基本方法，可以有效处理道路、桥梁、隧道施工过程中的一般技术问题，了解处理的原则、方法和步骤
		道路工程施工技术	
		桥梁工程施工技术	
		道路桥梁事故分析与处理	
计算机辅助课程群	计算机应用技术	计算机辅助设计	通过对该系列课程的学习，使学生可以掌握辅助土木工程设计软件的基本操作与应用，学会应用计算机技术为土木工程专业服务
		BIM 技术应用	

表 6-3　测绘工程专业课程群建设一览

课程群	知识领域	主要课程	教育目的
专业基础技能类课程群	测绘基础知识	测绘学概论	通过对该系列课程的学习，使学生可以掌握测绘基础应用能力
		测绘学基础	
测绘核心技能类课程群	测绘工程师专业知识和测绘仪器操作知识	遥感原理与应用	通过对该系列课程的学习，使学生可以掌握测绘专业知识应用能力和测绘仪器应用能力
		地理信息系统原理	
		摄影测量学	
		大地测量学基础	
		工程测量学	
		GNSS 原理及其应用	
		数字地形测量学	
工业、工程测量知识类课程群	工业、工程测量知识	公路勘测设计	通过对该系列课程的学习，使学生可以掌握工业、工程测量技术应用能力
		变形测量	
		测绘技术在土木中的应用	
		测量仪器学	
		地籍与房地产测量	
地理信息、遥感知识类课程群	地理信息、遥感知识	遥感图像解译	通过对该系列课程的学习，使学生可以掌握地理信息、遥感技术应用能力
		GIS 软件应用	
		地图制图学基础	
		资源与环境遥感	
		地球科学概论	
		空间数据库原理	

表6-4　安全工程专业课程群建设一览

课程群	知识领域	主要课程	教育目的
专业基础技能类课程群	专业技术基础知识	安全工程概论	通过对该系列课程的学习，使学生可以掌握安全基础应用能力
		安全法规	
		压力容器安全	
		工业通风与除尘	
专业核心技能类课程群	安全工程基核心知识	安全系统工程	通过对该系列课程的学习，使学生可以掌握危险源辨识、分析、控制能力
		安全人机工程学	
		安全管理学	
		燃烧与消防工程	
		事故应急技术	
建筑安全技术课程群	建筑安全技术知识	土木工程结构	通过对该系列课程的学习，使学生可以掌握建筑安全技术能力
		建筑工程质量管理	
		土木工程安全案例	
		建筑安全	
		工程结构试验与检测	
		隧道安全	
安全评价课程群	安全评价咨询知识	安全评价	通过对该系列课程的学习，使学生可以掌握安全评价、咨询能力
		电气安全	
		安全实务写作	
		机械安全	
		安全监测原理与技术	
		安全经济学	
计算机辅助课程群	计算机应用技术	土木工程 CAD	通过对该系列课程的学习，使学生可以掌握辅助土木工程设计软件的基本操作与应用，学会应用计算机技术为安全工程专业服务
		办公软件与应用	

表6-5　无机非金属材料工程专业课程群建设一览

课程群	知识领域	主要课程	教育目的
力学类课程群	力学原理与方法	理论力学	通过对该系列课程的学习，使学生可以掌握力学的基本概念和基本理论；了解构件及结构的受力性能和构造规律，可以分析、解决一些简单的工程实际问题
		材料力学	
专业基础类课程群	化学基本知识	无机化学	通过对该系列课程的学习，使学生可以掌握化学分析及应用能力
		有机化学	
		分析化学	
		物理化学	
材料科学与工程学科的基本知识类课程群	材料科学与工程学科的基本知识	胶凝材料学	通过对该系列课程的学习，使学生可以掌握材料的基本设计、性能分析、调整和应用能力
		混凝土科学	
		无机材料科学基础	
		耐火材料	
		新型建筑材料	
		混凝土外加剂	
土木工程材料生产与管理类课程群	土木工程材料生产与管理的相关知识	水泥工艺学	通过对该系列课程的学习，使学生可以掌握土木工程材料的生产、控制与管理能力
		混凝土工艺学	
		商品混凝土生产与管理	
		采购与供应管理	
工程技术应用能力类课程群	土木工程材料生产工艺设计、检测、施工的相关知识	无机材料测试技术	通过对该系列课程的学习，使学生可以掌握土木工程材料生产工艺设计、检测、施工的能力
		高分子建筑材料	
		硅酸盐工厂设计基础	
		硅酸盐窑炉	
		无机材料机械设备	
		硅酸盐工业热工基础	
		土木工程施工	
		工程监理概论	

课程群	知识领域	主要课程	教育目的
计算机辅助课程群	计算机应用技术	土木工程 CAD	通过对该系列课程的学习，使学生可以掌握辅助土木工程设计软件的基本操作与应用，学会应用计算机技术为无机非金属材料专业服务
		办公软件与应用	

6.1.2　土木类常见岗位及相关执业资格证书介绍

从事土木工程相关职业的包括各专业技术人员、管理人员、教师和研究人员以及技术工人等。土木工程建设的目的是为人类活动建造功能良好、舒适美观的空间和通道，它涉及的领域十分宽广。土木工程涉及勘察、设计、施工、管理、养护、维修等技术，从事土木工程类相关职业的人员包括各专业技术人员、管理人员、教师和研究人员以及技术工人等。针对土木行业中几个主要专业所对应的职业岗位及其相关执业资格证书做以下介绍。

6.1.2.1　土木类常见职业岗位介绍

沈阳城市建设学院土木类主要专业有土木工程专业、道路桥梁与渡河工程专业、智能建造专业、测绘工程专业、安全工程专业及无机非金属与材料工程专业。对于土木工程专业的毕业生，其就业方向大多从事建筑工程施工一线技术与管理工作。例如：施工员、测量员、预算员、资料员、监理员、项目经理等。主要面向的企业类型一般为建筑施工企业、房地产开发企业、路桥施工企业等。

对于学习道路桥梁与渡河工程专业的人才，主要面向公路交通、土木工程等单位，在生产第一线从事公路、城市道路、桥梁、地铁及隧道工程的勘测设计、施工、养护、维修和管理等方面的技术工作。从事岗位一般为：施工技术员、测量工程师、监理工程师、资料员、安全员、道路桥梁设计师等。

测绘工程专业的毕业生基本掌握了测绘所必需的基础理论知识和基本测绘技能，可以从事工程勘测设计、地形地籍测量、数字测绘、道路施工放样、测绘仪器营销与维护、工程测量项目监理等方面的工作，以及国家基础测绘、大地测量、数字测图、工程测量、地理信息数据生产和测绘管理等工作，并可从事工程建设中工程规划设计、施工、运行管理等阶段的测量工作，主要是在各个建筑公司的前期设计、勘察，国土局等国家单位从事相关工作。可以适应土木工程施工和道路桥梁测量一线需要，其就业岗位有：测量工程师、质量工程师、测试工程师等。以下为土木类常见职业岗位的介绍。

（1）施工技术员

工程施工是指工程项目实施阶段的生产活动，是各类工程项目（包括建筑施工、道桥施工、地下工程施工、港口施工等类型）的实施过程，即将设计师完成的设计图纸在指定地点变成实物的过程。施工员的职责有：

① 协助项目经理做好工程开工的准备工作，初步审定图纸、施工方案，提出技术措施和现场施工方案；

② 编制工程总进度计划表和月进度计划表及各施工班组的月进度计划表；

③ 认真审核工程所需材料，并对进场材料的质量要严格把关；

④ 对施工现场进行监督管理，遇到重大质量、安全问题时及时会同有关部门进行解决；

⑤ 向专业所管辖的班组下达施工任务书、材料限额领料单和施工技术交底；

⑥ 督促施工材料、设备按时进场，并处于合格状态，确保工程顺利进行；

⑦ 参与工程中施工测量放线工作；

⑧ 协助技术负责人进行图纸会审及技术交底；

⑨ 参加工程协调会与监理例会，提出和了解项目施工过程中出现的问题，根据问题进行思考，找到解决办法并实施改进；

⑩ 参加工程竣工交验，负责工程完好保护；负责协调工程项目各分项工程之间和施工队伍之间的工作；参与现场经济技术签证、成本控制及成本核算；负责编写施工日志、施工记录等相关施工资料。

（2）监理工程师

工程监理是指监理企业接受业主委托，依据国家批准的建设工程项目文件、有关工程建设的法律、法规和工程监理合同及其他工程建设 合同对工程项目建设实施的监督管理。监理人员可为项目决策阶段提供服务，在项目实施阶段进行协调和监督工程施工过程，有利于保证工程质量。监理工程师的职责主要有以下几方面。

① 认真学习和贯彻有关建设监理的政策、法规以及国家和省、市有关工程建

设的法律、法规、政策、标准和规范，在工作中做到以理服人。

② 熟悉所监理项目的合同条款、规范、设计图纸，在专业监理工程师的领导下，有效开展现场监理工作，及时处理施工过程中出现的问题。

③ 认真学习设计图纸及设计文件，正确理解设计意图，严格按照监理程序、监理依据，在专业监理工程师的指导、授权下进行检查、验收；掌握工程全面进展的信息，及时报告专业监理工程师（或总监理工程师）。

④ 检查承包单位投入工程项目的人力、材料、主要设备及其使用和运行状况，并做好检查记录；督促、检查施工单位安全措施的投入。

⑤ 复核或从施工现场直接获取工程计量的有关数据并签署原始凭证。

⑥ 按设计图及有关标准，对承包单位的工艺过程或施工工序进行检查和记录，对加工制作及工序施工质量检查结果进行记录。

⑦ 担任旁站工作，发现问题及时指出并向专业监理工程师报告。

⑧ 记录工程进度、质量检测、施工安全、合同纠纷、施工干扰、监管部门和业主意见、问题处理结果等情况，做好监理日记和有关的监理记录；协助专业监理工程师进行监理资料的收集、汇总及整理，并交内业人员统一归档。

⑨ 完成专业监理工程师（或总监理工程师）交办的其他任务。

（3）造价员

造价员是指通过考试，取得"建设工程造价员资格证书"，从事工程造价业务的人员。对造价员的要求是专业过关，能熟悉图纸，对现行的价目表、综合及各种定额、建材的价格必须熟悉，另外对工程量的计算公式、工程的结构做法、隐蔽工程、变更等专业要熟悉运用，分析材料及计算工程材料；对定额中的子目定额套用要准确，并具备与甲方、监理方、审计等部门沟通与处理问题的能力；投标时能够对工程概算及投标规则进行综合把握；决算不漏项，在工程量、取费、子目等方面的控制最为关键；掌握如审计、会计、材料、设计等方面的相关专业知识。

工程造价关乎业主、施工人员的经济利益。在工程建设的各阶段，项目参与各方应根据需要进行工程造价的计算，主要包括投资估算、设计概算、修正概算、施工图预算、工程结算和竣工决算等。造价员的岗位职责如下。

① 能够熟悉并掌握国家的法律法规及有关工程造价的管理规定，精通本专业理论知识，熟悉工程图纸，掌握工程预算定额及有关政策规定，为正确编制和审核预算奠定基础。

② 负责审查施工图纸，参加图纸会审和技术交底，依据其记录进行预算调整。

③ 协助领导做好工程项目的立项申报，组织招投标，以及开工前的报批和竣工后的验收工作。

④ 工程竣工验收后，及时进行竣工工程的决算工作。

⑤ 参与采购工程材料和设备，负责工程材料分析，复核材料价差，收集和掌握技术变更、材料代换记录，并随时做好造价测算，为领导决策提供科学依据。

⑥ 全面掌握施工合同条款，深入现场了解施工情况，为决算复核工作打好基础。

⑦ 工程决算后，要将工程决算单送审计部门，以便进行审计。

⑧ 完成工程造价的经济分析，及时完成工程决算资料的归档。

⑨ 协助编制基本建设计划和调整计划，了解基建计划的执行情况。

（4）测量工程师

测量工程师是掌握测量工程专业必需的基础理论知识和基本测绘技能，从事工程建设中的测量工作的高级技术应用型专门人才。从事的主要工作包括：工程规划设计、施工、运行管理等阶段的测量工作技能。其岗位职责如下。

① 进行外业测量、内业计算等，开展本项目工程的全面测量工作。

② 进行日常测量仪器保养、校正、维修、保管等工作。

③ 进行测量原始资料的编写、保管、归档工作。

④ 参与各分项工程图纸的会审，标高的复核，对出现的问题进行必要的分析工作。

⑤ 测量工程师对现场施工、放样具有检查和抽查权，对测量仪器的采购和测量方案具有建议权；对测量原始资料保管或遗失负直接责任；对操作和保管测量仪器不当而造成仪器损坏或遗失负直接责任；对各施工中队的放样复核不及时，以致影响施工进度负直接责任。

（5）建筑质检员

建筑质检员属于工程质量管理的主要人员，也是工程质量或施工过程中控制质量的第一责任人，其职业包含以下几方面。

① 执行国家颁发的安装工程质量验评标准和施工验收规范，照章独立行使质量监督检查权和处罚权。

② 负责专业检查，随时掌握各作业区内分项工程的质量情况。

③ 负责分项工程质量的评定，建立质量档案，定期向项目总工和上级质量管理部门上报质量情况。

④ 负责分项工程各工序、隐蔽工程的施工过程和施工质量的图像资料记录。

⑤ 对不合格项及时向项目总工和上级质量管理部门汇报，监督各专业工程师制定纠正措施，并协助进行质量损失的评估。

(6) 安全员

安全员主要是负责施工现场安全生产的日常监督与管理工作，做好定期与不定期的安全检查，控制安全事故的发生。其岗位主要工作内容如下。

① 贯彻执行国家劳动保护、安全生产的方针、政策、法规和规定，全面落实"安全第一、预防为主、综合治理"的方针，认真抓好劳动保护、安全生产和消防工作。

② 调查研究生产中的不安全因素，提出改进意见，参与审查安全技术措施和计划，并对贯彻执行情况进行督促检查。

③ 做好安全宣传教育和管理工作，协助制定并督促执行安全技术培训工作，参与有关施工安全组织设计和各种施工机械的安装、使用验收，监督和指导电器线路和个人防护用品的正确使用。

④ 制止违章作业和违章指挥，发现重大隐患，以及当安全与进度发生矛盾时，必须把安全放在首位，有权暂停作业，撤出人员，及时向上级主管领导报告，并提出改进意见和措施。

⑤ 在施工现场发生重伤及以上事故时，应赴现场组织抢救，保护现场，并及时上报事故情况，进行工伤事故统计、分析和报告，按"四不放过"原则参与事故调查处理。

作为安全员，除了熟悉工作内容外，还要了解岗位职责。

① 明确本部门安全防范职责，在思想上高度重视安全责任，认真落实公司各项安全规章管理制度，确保本部门顺利实行安全生产工作。

② 加强日常安全管理，建立、完善公司突发性事故制度，参与编制事故应急救援和演练工作，特别在重大节日、重大假期期间。

③ 消除安全隐患，做到责任、组织、制度、防范措施"四落实"。

④ 加强对部门人员进行安全教育，全面履行安全职责，确保员工无违法犯罪。

⑤ 积极开展创建"文明施工"活动的宣传，使人人知晓创建活动和积极参加。

⑥ 加强有毒有害危险品管理，要对实验室中的化学物品进行严格管理，做到"五双"严格手续，定期检查，账物相符。

⑦ 对不重视安全防范工作、不及时报告发生事故的部门和个人，有权越级上报有关主管部门。

⑧ 负责跟班中的安全生产隐患的排查治理，落实现场管理中存在的各项不安全因素并及时整改。

⑨ 带动全员参与安全工作，充分发挥群众安全员（群安员）的作用，积极开展群安员活动。

除以上六个常见的土木类一线岗位外，还有资料员、材料员、实验员、设计工程师等，土木类专业是实践型、综合型较强的行业，沈阳城市建设学院根据学生特点及教学培养目标，在专业课的教学中突出职业岗位能力的培养，培养学生独立分析和解决问题的基本能力，使之成为用人单位欢迎的应用型人才。

6.1.2.2　土木类执业资格证书介绍

随着我国执业资格认证制度的不断完善，土建行业工程技术人员不但需要精通专业知识和技术，还需要取得必要的执业资格证书。注册工程师制度是一种执业资格制度，是国家对某些关系人民生命财产安 全的执业人员实行的一种准入控制。通过实行注册资格制度可以加强建设工程专业技术人员的执业准入和注册管理，规范市场行为，确保建设工程的质量，并维护国家和社会的公共利益。

我国从20世纪90年代开始陆续为从事勘察设计的专业技术人员设立了注册建筑师、注册结构工程师、注册土木工程师等；为决策和建设咨询人员设立了注册监理工程师、注册造价工程师等；为建筑施工人员设立了注册建造工程师。需要注意的是，这些执业资格认证均需要具有一定年限的相关工作经验才能报考，因此土木类专业的毕业生即使走上工作岗位后也要注意知识结构的更新，尽早报考，以取得相关的执业资格。注册工程师制度的实行对于相关从业人员的技术水平和职业道德均提出了更高的要求，明确规定了注册工程师的权利、义务和法律责任。

（1）注册结构工程师

注册结构工程师分一级注册结构工程师和二级注册结构工程师。注册结构工程师是指经全国统一考试合格，依法登记注册，取得中华人民共和国注册结构工程师执业资格证书和注册证书，从事房屋结构、桥梁结构及塔架结构等工程设计及相关业务的专业技术人员。

① 考试科目。一级注册结构工程师资格考试科目含基础考试和专业考试，其中基础考试包括：《高等数学》《普通物理》《普通化学》《理论力学》《材料力学》《流体力学》《计算机应用基础》《电工电子技术》《工程经济》《信号与信息技术》《法律法规》《土木工程材料》《工程测量》《职业法规》《土木工程施工与管理》《结构设计》《结构力学》《结构试验》《土力学与地基基础》。专业考试包括：《钢筋混凝土结构》《钢结构》《砌体结构与木结构》《地基与基础》《高层建筑》《高耸结构与横向作用》《桥梁结构》。

② 执业范围。可以从事结构工程设计；结构工程设计技术咨询；建筑物、构筑物、工程设施等调查和鉴定；对本人主持设计的项目进行施工指导和监督；建设部和国务院有关部门规定的其他业务。

（2）注册建造工程师

注册建造建造师分为一级建造师和二级建造师，是指依法取得注册建造工程师执业资格证书和注册证书，从事建设工程项目总承包和施工管理关键岗位的专业技术人员。

① 考试科目。一级建造师执业资格考试设《建设工程经济》《建设工程法规及相关知识》《建设工程项目管理》和《专业工程管理与实务》4个科目。其中《专业工程管理与实务》科目分为建筑工程（合并）、公路工程、铁路工程、民航机场工程、港口与航道工程、水利水电工程、市政公用工程、通信与广电工程、矿业工程、机电工程（合并）10个专业类别，考生在报名时可根据实际工作需要选择其一。

② 执业范围。建造师是懂管理、懂技术、懂经济、懂法规，综合素质较高的复合型人员，既要有理论水平，也要有丰富的实践经验和较强的组织能力。建造师注册受聘后，可以建造师的名义担任建设工程项目施工的项目经理，从事其他施工活动的管理，从事法律、行政法规或国务院建设行政主管部门规定的其他业务。

在行使项目经理职责时，一级注册建造师可以担任《建筑业企业资质等级标准》中规定的特级、一级建筑业企业资质的建设工程项目施工的项目经理；二级注册建造师可以担任二级及以下建筑业企业资质的建设工程项目施工的项目经理。

大中型工程项目的项目经理必须逐步由取得建造师执业资格的人员担任；但取得建造师执业资格的人员能否担任大中型工程项目的项目经理，应由建筑业企业自主决定。

（3）一级注册造价工程师

一级注册造价工程师是指通过全国造价工程师执业资格统一考试或者资格认定、资格互认，取得中华人民共和国造价工程师执业资格，并按照本办法注册，取得中华人民共和国造价工程师注册执业证书和执业印章，从事工程造价活动的专业人员。

① 考试科目。注册造价工程师设《建设工程造价管理》《建设工程计价》《建设工程技术与计量（土木建筑工程、安装工程)》《建设工程造价案例分析》四个科目。

② 执业范围：

a.建设项目建议书、可行性研究投资估算的编制和审核，项目经济评价，工程概、预、结算，竣工结（决）算的编制和审核；

b.工程量清单、标底（或者控制价）、投标报价的编制和审核，工程合同价款的签订及变更、调整，工程款支付与工程索赔费用的计算；

c.建设项目管理过程中设计方案的优化、限额设计等工程造价分析与控制，工程保险理赔的核查；

d.工程经济纠纷的鉴定。

（4）注册安全工程师

注册安全工程师是指通过注册安全工程师职业资格考试并取得"中华人民共和国注册安全工程师执业资格证书"，经注册后从事安全生产管理、安全工程技术工作或提供安全生产专业服务的专业技术人员。注册安全工程师级别设置为：高级、中级、初级。

① 考试科目。

a.初级注册安全工程师职业资格考试设《安全生产法律法规》《安全生产实务》2个科目。

b.中级注册安全工程师职业资格考试设《安全生产法律法规》《安全生产管理》《安全生产技术基础》《安全生产专业实务》4个科目。其中，《安全生产法律法规》《安全生产管理》《安全生产技术基础》为公共科目，《安全生产专业实务》为专业科目。《安全生产专业实务》科目分为：煤矿安全、金属非金属矿山安全、化工安全、金属冶炼安全、建筑施工安全、道路运输安全和其他安全（不包括消防安全），考生在报名时可根据实际工作需要选择其一。

② 执业范围。注册安全工程师的执业范围包括：安全生产管理；安全生产技术；

生产安全事故调查与分析；安全评估评价、咨询、论证、检测、检验、教育、培训及其他安全生产专业服务。中级注册安全工程师按照专业类别可在各类规模的危险物品生产、储存以及矿山、金属冶炼等单位中执业，初级注册安全工程师的执业单位规模由各地结合实际依法制定。

（5）注册工程师职业道德

注册工程师是从事与国家和人民生命财产安全密切相关工作的专业技术人员，其担负的责任重大。因此，注册工程师除应遵循国家的法律、法规和相关管理规定以外，还应严格要求自己，遵守职业道德、提高职业道德素养，维护注册工程师的荣誉，自觉维护国家和社会公共利益。

注册工程师必须在勤奋工作的基础上，独立、客观、公正、正确地出具相关技术成果文件，同时还应积极学习，提高自身的业务水平和工作能力，树立终生学习的观念。当注册工程师作为专家为他人提供证明时，对于工程上的观点必须有足够的专业知识和对实际情况的详细了解，还要有较高的技术水平和令人信服的、诚实的精神。

注册工程师在与同行关系上，应尊重同行，公平竞争，处理好同行之间的关系，不应采取不正当的手段损害、侵犯同行的权益。注册工程师不可对自己的执业能力进行夸张、虚假以及容易引起误解的宣传。

注册工程师还应廉洁自律，不得索取、收受委托合同约定以外的礼金和其他财物，不得利用职务之便谋取不正当的利益。注册工程师与委托方有利害关系的应当回避，委托方也有权要求其回避。对于客户的技术和商务秘密，注册工程师负有保密义务。

6.1.3 课岗证结合理念

6.1.3.1 高校土木类专业建立"课岗证结合"的课程体系必然性

（1）国家政策导向

国家在2012年发布的《教育部关于全面提高高等教育质量的若干意见》中明

确要求，各专业要依据本专业特点和人才培养要求制定实践教学标准，确保实践教学的比重，坚持校企合作，强化工学结合，形成教学、学习、实训相融合的教育教学活动，不断提高人才质量。

（2）人才培养目标定位和培养规格要求

高校的人才培养目标应为理论和实践相结合的人才，既要有很强的理论知识，也要有相应实践技能基础。从岗位需求上来看，都需要学生有一定的实践经验和技能基础。在新课程改革的大背景下，高校对于学生综合能力的培养也越发重视，开始依据自身特点和地方特色建立教学体系。

课程是土木类专业学生就业的重要支撑，如何整合教学内容，完善教学方法与手段，优化考核评价体系，实施课岗证融合，提高课堂教学质量，是课堂教学改革的落脚点。

（3）土木类专业自身特点

学生是教学的主体，以应用型人才培养为核心的高校教学应贯彻以学生为中心，以就业为导向，实现教学过程的实践性、开放性和应用性。

沈阳城市建设学院土木类专业围绕建设特色鲜明的应用型专业，适应国家经济转型发展、产业升级要求和市场需求的目标，实现人才培养模式不断创新，应用特色专业优势不断增强，学科专业体系逐步完善，构建理论实践一体化的课程体系；以课程群建设为核心，深入开展教学内容和方法改革；坚持以能力培养为中心，进一步强化实践教学；完善实践实训基地的建设；实现师资队伍良性增长，师资结构全面优化，最终形成学科专业一体化教育体系，培养能施工、会设计、懂管理的应用型人才。

6.1.3.2　课岗证结合理念

课岗证结合是指在教学过程中将"课""岗""证"三个部分结合到一起，培养学生的实践能力，提高综合素质。"课"是指学校的土木类专业课程，这是学生培养的基础，是学生专业技能提升的重要来源。包括了学校开设的理论课程和技术方法等。"岗"是指土木类工作岗位，这是企业对于土木类专业学生的要求，也是高校培养人才的目的所在，让学生通过自己的能力在社会上实现自己的价值。如果高校教育脱离了社会要求，学生很难实现自身价值。"证"是指与土木类专业相关的各类证书，是学生能力的证明，也是行业标准的要求。课岗证结合明确了学生今后将从事的土木类工作任务和未来规划，让学生对之后的课程和需要的土木类职业资格证书有提前的意识，实现土木类专业人才培养和土木类职业岗位需求对接。

6.1.4　高校土木类专业课岗证结合教学模式构建

6.1.4.1　根据企业主要土木类岗位的技能要求制定高校专业教学课程体系，实现"课岗"融合

　　高等院校教育的学生最终的目标是进入企业，学生毕业后进入社会肯定要进入企业实现自身的社会价值，学校是为企业培养优秀人才的摇篮。但是现阶段有些高校人才培养模式与企业脱节，特别是土木类专业这种实践能力要求较高的专业群，课程设置往往无法与社会需求相符。因此，正值新课程改革的背景下，学校要积极转变人才培养机制，根据企业主要土木类岗位的技能要求制定高校土木类专业教学课程体系，以岗定课，实现"课岗"结合。以企业需求为导向，通过校企合作平台，将企业与学校衔接起来，对土木类专业课程进行分模块教学，分别对应企业不同岗位，将岗位技能要求列入课程教学和考核中来，有效融入土木类专业教学课程，提高学生的就业率，促进专业的可持续发展。

6.1.4.2　高校土木类专业教学课程体系要纳入主要职业证书考试的内容，实现"课证"融合

　　土木类专业作为一门实践性很强的学科，从业人员必须具备从业资格证书，并且还有不同级别的等级证书和资格证书。因此，高校设置土木类专业课程应把各类证书要求加入教学中。教师和学校可以根据证书的等级设置阶段性教学目标或任务。不仅能增强教学过程的层次感，还能培养学生的实践技能，强化学生从事土木类工作的操作技术。因此，将主要职业证书考试的内容纳入土木类专业教学课程中，实现"课证"融合，提高了学校的就业率，也减轻了学生的负担。

6.1.4.3　构建高校土木类专业课岗证结合教学模式

　　"企业需求、专业基础、职业认证"是岗课证结合的三项关键要素，"企业岗位

技能训练、工学结合课程教学、职业认证考证培训"三项内容一体融通的培养方式，是"一体化"的集体表现。"岗课证一体化"培养模式即引入企业岗位、重构专业课程、对接职业证书的过程，其中渗透职业素养教育，让学生素质综合性地提高，同时扩大校企合作教学管理范围，以企业导师考核、学校教师考核、职业鉴定考核组成的"三位一体"考核方式，实现多方位的教学质量管理的精细化。"岗课证一体化"的课程体系如图6-1所示。

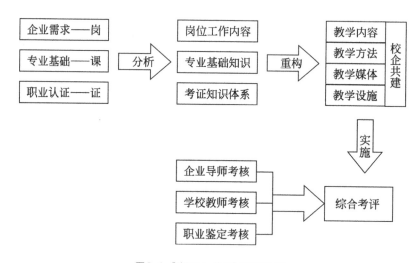

图6-1 "岗课证一体化"的课程体系

（1）引入企业岗位

在教学实施过程中，先通过专业基础授课部分加入以上四个岗位的职业道德、岗位职责、岗位工作内容与流程等内容，让学生对这些岗位有一个整体的认识，之后再与企业导师一起，将学生引入企业真实项目并分配到各个基层业务操作岗位中去，按工作要求进行实战训练，边学边做。通过业务学习训练，使学生的理论认知和实践经验均得到提升，再在后续的专业实习阶段，引导学生到合作企业中去，以实习生的身份去完成实际工作任务。通过项目教学和实战性岗位锻炼，实现课业与上岗的有效对接，提升学生实战能力和适应性。

（2）重构职业课程

以"岗证"为载体，实施课程项目化改革，在保证基础必修课的前提下，增设《建筑识图》《BIM应用技术》《消防安全技术实务》等职业课程，并形成递进式的

基于"五实育人"的
土木类专业人才培养模式研究与实践

培养模式。把"基础能力培养-核心能力培养-综合能力培养-拓展能力培养"四项内容连成一体的"进阶式培养"体系，在"岗课证一体化"的课程体系中，学生不仅要通过学校教师和企业导师的考核，还要在职业资格认证中有所收获，即要能通过"三位一体"的综合性考核。

（3）对接职业证书

把职业认证培训内容引入专业课程体系建设开发，使职业认证和专业课程相融合。通过课程内容的融合构建，实现了既在专业课程教学的同时，又完成了职业认证考试的基础性培训，不仅给平时专业课教学增加了实用性，又为学生日后考取证书打下了基础，使专业学生在四年的学习里至少能够获得一项职业证书。

6.2 课岗证结合工作的实施方案与具体措施

6.2.1 改革教学内容，采用模块化建设，教学过程多样化

传统教学模式存在课程学习与行业岗位脱节现象，学生在学习理论时缺乏感性认识，在实习实践过程中对基础知识掌握不佳。为培养学生创新精神和实践能力，适应职业岗位的变化，采用课程群建设，将理论与实践进行有机结合，构建"做中学""学中做"教学模式。

6.2.2 改革考核方式，建立以操作能力考核、过程考核为主的考核体系

为了适应高校土木类专业新的人才培养目标，学校必须要改革考核方式，而传统的笔试方式已经明显和对学生实践技能的考察相脱节。因此，学校要加强对实践技能的考核力度，可以将考核分模块进行。可以把期末成绩分为三部分，分别为笔试成绩、实践考核成绩和应用考核成绩，同时实践考核也可以在学期过程中进行考察，不必等到学期末统一进行，这样可以让学生认识到实践能力培养的过程。在最后的打分中，这三个模块的分数比例也可以进行调整，根据课程性质灵活变通。此

外，因为实践考核中成绩判断的主观性较为强烈，必须建立一套科学公开的实践考核要求和评分细则，保证考核的公平公正，并可以提升学生实践能力，增强自信。

6.2.3　调整学时安排，为实践教学的开展提供足够的时间

对于高校中的现行实践课程来说，大多安排在上课时间或者假期内，这样的课程设置方式导致课时被占用，教师在实践课上只是放一些视频或者多媒体课件，或者让学生在假期内无目的地以各种形式的勤工俭学、打零工代替见习，实践教学的质量低下，无法切实培养学生的综合能力，实践课程只是摆设。因此，为了保障实践教学质量，确保实践开展质量，学校可以给出专门的 1～2 周时间，来组织学生到企业内部进行实训。加强校企合作，安排课程实训，或者组织学生参观，加强专业见习等，都是很好的实践教学方法，最大化地保证实践教学的质量。

6.2.4　完善校内外实习条件

学校可以定期组织学生到企业内部进行课程实训，培养实践能力。但是，由于土木类岗位的特殊性，社会企业无法大批量地接收学生进行实习。因此，学校内部要做好准备，充分调动各方资源，为学生在校内实习创造条件。学校可以建立校内实训基地、土木实训室、虚拟仿真实训室等，让学生可以在实训室内通过模拟真实的工程环境进行实际操作。这样，每个学生都能得到实践和技能培训的机会，在实践中体会土木类工作的重点，掌握土木类工作技术和技能，提高自身综合能力，学校也有助于提高就业率。

6.2.5　积极落实土木类专业课程教学模块改革

学校立足于社会需求和企业需求，积极推进教育改革，加快"课岗证"的融合速度。以企业岗位为导向，培养高理论水平、实践技能强、综合素质高的全方位人才。随着时代的进步与发展，企业也在不断地转型与发展，而对人才的需求也在不断改变。积极落实土木类专业课程教学模块改革，以课岗融合培养学生的实践能力，以课证融合培养学生的执业能力。

6.3 课岗证结合实施案例

"1+X"证书制度是国家职业教育改革方案实施的重要举措，高校全面落实《国家职业教育改革实施方案》和教育部等四部门印发的《关于在院校实施若干职业技能等级证书制度试点方案》（简称"1+X"证书）文件精神，高效有序推进职业技能等级证书考核工作，做好职业技能等级证书培训考核站点建设，按辽宁省教育厅出台的《关于做好2021年度辽宁省1+X证书制度试点第二次申报计划（第四批证书）的通知》，按照人才培养目标和需求，共申报并获批了智能建造设计与集成应用职业技能等级证书（高级）、智能建造设计与集成应用职业技能等级证书（中级）、建筑信息模型（BIM）职业技能等级证书（中级）、建筑信息模型（BIM）职业技能等级证书（初级）、测绘地理信息数据获取与处理职业技能等级证书（高级）、测绘地理信息数据获取与处理职业技能等级证书（中级）、测绘地理信息智能应用职业技能等级证书（高级）、测绘地理信息智能应用职业技能等级证书（中级）、测绘地理信息智能应用职业技能等级证书（初级）、土木工程混凝土检测职业技能等级证书（中级）、土木工程混凝土检测职业技能等级证书（初级）等项目。

6.3.1 智能建造设计与集成应用职业技能等级证书实施方案

6.3.1.1 实施工作目标

重点围绕服务国家需要、市场需求、学生就业能力的提升，将智能建造设计与集成应用证书制度试点与专业建设、课程建设、教师队伍建设等紧密结合，推动"1"和"X"有机衔接，提升职业教育质量和学生就业能力。

安排沈阳城市建设学院土木工程、智能建造专业在大三下学期，每个学生至少有一次机会参加智能建造设计与集成应用证书等级考核，超过半数学生一次通过考核，领取证书。

6.3.1.2 实施工作内容

（1）融入专业人才培养

① 修订人才培养方案。统筹专业资源，做好专业教学标准和职业技能等级标

准的对接。按照职业技能等级标准和专业教学标准要求，对本专业职业面向、培养目标、培养规格、毕业要求等专业人才培养关键要素进行全面梳理、科学定位，重构"1"与"X"深度融合的专业人才培养方案。

② 重构"课证融合"课程体系。在分析现有教学内容的基础上，确定已经纳入教学的和将来能够在教学中完成的职业技能等级标准内容，然后将标准内容转化为若干门专业（核心）课程并纳入专业课程体系，或转化为若干教学模块纳入部分专业（核心）课程教学内容，融入专业人才培养方案和课程体系，每个专业需根据证书要求制定若干门专业课程标准。

③ 创新人才培养模式。主要采用两种人才培养模式取得智能建造设计与集成应用证书：一是通过培训、评价使学生获得智能建造设计与集成应用技能等级证书；二是探索将相关专业课程考试与职业技能等级考核统筹安排，同步考试（评价），获得学历证书相应学分和职业技能等级证书。

（2）实施高质量职业培训

① 加强软硬件资源建设。学院结合职业技能等级证书培训要求改善培训条件，新建实验室、实训设备采购纳入了专业重点建设内容。做好土木工程智能建造设计与集成应用证书培训教育教学资源开发，提高培训能力，积极开展高质量的培训。

② 建立证书遴选和保障机制。根据智能建造设计与集成应用技能等级标准，建立健全智能建造设计与集成应用职业技能等级证书的质量保障机制，杜绝乱培训、滥发证，保障学生权益。

（3）考核与证书发放

① 建立培训考核机制。从学院层面建立培训考核小组组织架构，以对接行业职业技能证书颁发机构。根据社会、市场和学生技能考证需要，对专业课程未涵盖的内容或需要特别强化的实训，组织开展专门培训。在面向本校学生开展培训的同时，积极为社会成员提供培训服务。定期发布智能建造设计与集成应用技能等级证书培训公告，组织社会成员培训报考。

② 强化考核内容的教学。考核内容能反映典型岗位所需的职业素养、专业知识和职业技能，体现社会、市场、企业和学生个人的发展需求。

③ 建立标准化考场。加强学院考场（考点）和保密标准化建设。严格考核纪

律，加强过程管理，推进考核工作科学化、标准化、规范化。建立健全考核安全、保密机制，强化保障条件。

④ 证书发放。

（4）加强师资队伍建设

① 加强专业带头人培养。专业带头人要加强"1+X"证书制度新理念的学习，准确把握试点工作的背景与意义、智能建造设计与集成应用技能等级证书及标准的内涵与要求，带领专业团队做好人才培养方案开发等工作的顶层设计，并出台人才培养方案。

② 加强专业骨干教师的培养。组织教师参加教师素质提高计划项目、参与智能建造设计与集成应用职业技能等级标准培训等，提高专业骨干教师实施教学、培训和考核评价能力。学院培养 1 ~ 2 名教师获得智能建造设计与集成应用职业技能等级证书和考评员资格证书。

③ 加强校外兼职教师的聘任。引进培训评价机构培训教师或行业企业兼职教师，优化师资队伍结构，全面提高专业师资团队的教学与培训能力。

6.3.1.3 实施步骤

（1）组建考核教师团队

从自有教师和来自校外企业的外聘教师中选拔组建智能建造设计与集成应用的考核团队，其中"双师型"教师不少于50%，行业企业专家不少于20%。

（2）开发等级证书

按照智能建造设计与集成应用行业国家规范和地方标准，根据北京智能装配式建筑研究院主编的智能建造设计与集成应用检测职业技能等级考核方案，联合行业、企业和院校等，体现新技术、新工艺、新规范、新要求的特点。

（3）搭建软、硬件设施

学院现有计算机200余台，可同时安装相应培训和考核软件，可容纳100人同时授课和培训。目前学院在智能建造设计与集成应用方面还要进行大量的资金投入，搭建起具有高配置的计算机，以更好地满足硬件要求。

（4）确定考核标准和证书发放

考核标准能反映土木行业所需人员的职业素养、专业知识和职业技能，同时体现出社会、市场、企业和学生的发展要求。智能建造设计与集成应用职业技能等级考核评价分为理论知识与专业技能两部分，理论考试和实操考试合格标准为单项分数均大于等于60分，两项成绩均合格的学员可以获得相应级别的职业技能等级证书。

6.3.1.4　预期成果

沈阳城市建设学院土木类等专业学生每人至少有一次参加智能建造设计与集成应用职业技能培训的机会，确保具有较高的考核通过率，每个参加培训和考核的学生在毕业之前都能够取得培训证书。

6.3.2　测绘地理信息智能应用职业技能等级证书实施方案

6.3.2.1　实施工作目标

重点围绕服务国家需要、市场需求、学生就业能力的提升，将测绘地理信息智能应用证书制度试点与专业建设、课程建设、教师队伍建设等紧密结合，推动"1"和"X"有机衔接，提升职业教育质量和学生就业能力。

计划安排沈阳城市建设学院测绘工程（可推广至土木工程）专业在大三下学期，每个学生至少有一次机会参加绘地理信息数据获取与处理证书等级考核，超过半数学生一次通过考核，领取证书。

6.3.2.2　实施工作内容

（1）融入专业人才培养

① 修订人才培养方案。统筹专业资源，各专业做好专业教学标准和职业技能等级标准的对接。按照职业技能等级标准和专业教学标准要求，对本专业职业面向、培养目标、培养规格、毕业要求等专业人才培养关键要素进行全面梳理、科学定位，重构"1"与"X"深度融合的专业人才培养方案。

② 重构"课证融合"课程体系。在分析现有教学内容的基础上，确定已经纳

入教学的和将来能够在教学中完成的职业技能等级标准内容，然后将标准内容转化为若干门专业（核心）课程并纳入专业课程体系，或转化为若干教学模块纳入部分专业（核心）课程教学内容，融入专业人才培养方案和课程体系，每个专业需根据证书要求制定若干门专业课程标准。

③ 创新人才培养模式。主要采用两种人才培养模式取得测绘地理信息智能应用证书：一是通过培训、评价使学生获得测绘地理信息智能应用技能等级证书；二是探索将相关专业课程考试与职业技能等级考核统筹安排，同步考试（评价），获得学历证书相应学分和职业技能等级证书。

（2）实施高质量职业培训

① 加强软硬件资源建设。学院结合职业技能等级证书培训要求改善培训条件，新建实验室、实训设备采购纳入了专业重点建设内容。做好测绘地理信息智能应用技能证书培训教育教学资源开发，提高培训能力，积极开展高质量的培训。

② 建立证书遴选和保障机制。根据测绘地理信息智能应用技能等级标准，建立健全测绘地理信息智能应用职业技能等级证书的质量保障机制，杜绝乱培训、滥发证，保障学生权益。

（3）考核与证书发放

① 建立培训考核机制。从学院层面建立培训考核小组组织架构，以对接行业职业技能证书颁发机构。根据社会、市场和学生技能考证需要，对专业课程未涵盖的内容或需要特别强化的实训，组织开展专门培训。在面向本校学生开展培训的同时，积极为社会成员提供培训服务。定期发布测绘地理信息智能应用技能等级证书培训公告，组织社会成员培训报考。

② 强化考核内容的教学。考核内容能反映典型岗位所需的职业素养、专业知识和职业技能，体现社会、市场、企业和学生个人的发展需求。

③ 建立标准化考场。加强学院考场（考点）和保密标准化建设。严格考核纪律，加强过程管理，推进考核工作科学化、标准化、规范化。建立健全考核安全、保密机制，强化保障条件。

④ 证书发放。

（4）加强师资队伍建设

① 加强专业带头人培养。专业带头人要加强"1+X"证书制度新理念的学习，

准确把握试点工作的背景与意义、测绘地理信息智能应用技能等级证书及标准的内涵与要求，带领专业团队做好人才培养方案开发等工作的顶层设计，并出台人才培养方案。

② 加强专业骨干教师的培养。组织教师参加教师素质提高计划项目、参与测绘地理信息智能应用职业技能等级标准培训等，提高专业骨干教师实施教学、培训和考核评价能力。学院培养1 ~ 2名教师获得测绘地理信息智能应用职业技能等级证书和考评员资格证书。

③ 加强校外兼职教师的聘任。引进培训评价机构培训教师或行业企业兼职教师，优化师资队伍结构，全面提高专业师资团队的教学与培训能力。

6.3.2.3　实施步骤

（1）组建考核教师团队

从自有教师和来自校外企业的外聘教师中选拔组建测绘地理信息智能应用的考核团队，其中"双师型"教师不少于50%，行业企业专家不少于20%。

（2）开发等级证书

按照测绘地理信息行业国家规范和地方标准，根据广州南方测绘科技股份有限公司产业化创新研究中心主编的测绘地理信息智能应用技能等级标准，联合行业、企业和院校等，体现新技术、新工艺、新规范、新要求的特点。

（3）搭建软、硬件设施

学院现有计算机200余台，可同时安装相应培训和考核软件，可容纳100人同时授课和培训。目前学院在测绘地理信息智能应用方面还要进行大量的资金投入，搭建起具有高配置的计算机，以满足硬件要求。

（4）确定考核标准和证书发放

考核标准能反映出测绘地理信息行业所需人员的职业素养、专业知识和职业技能，同时体现出社会、市场、企业和学生的发展要求。测绘地理信息智能应用职业技能等级考核评价分为理论知识与专业技能两部分，体现出解决实际工程问题的能力。通过考核的学生可取得测绘地理信息智能应用职业技能等级证书。

6.3.2.4 预期成果

沈阳城市建设学院测绘、土木类学生每人至少有一次参加测绘地理信息智能应用职业技能培训的机会，确保具有较高的考核通过率，每个参加培训和考核的学生在毕业之前都能够取得培训证书。

第**7**章
团赛结合

7.1 团赛结合工作的背景

学生社团是高校学风建设工作的重要载体，对学生思想政治修养的提升具有重要作用。党的十八大首次提出"把立德树人作为教育的根本任务"，强调了对学生加强思想政治教育的重要性。当代大学生要做到坚定不移的根本还是在于用科学的理论武装自己的头脑，始终在思想上坚持理想信念，永葆斗争精神，而这些都离不开立德树人。

近年来，土木工程学院不断加强学生社团立德树人工作，将思想引领贯穿到社团发展全过程，提高学生社团育人功能，使社团充分发挥繁荣校园文化、提升学生道德品质和综合素质的作用。依据《沈阳城市建设学院学生社团管理办法》《沈阳城市建设学院学生社团指导教师实施办法》，合理设立社团，配备指导教师。目前土木工程学院共建有思想政治、学术科技、创新创业、文化体育、志愿公益等类型社团14个，参与学生270人。依托学校科技文化节等形式举办活动，社团活动与第一课堂教学内容紧密结合。近三年，学生社团获得国家级、省级、市级荣誉共13项。

7.1.1 土木工程学院主要社团介绍

学生社团作为校园文化建设的重要载体和大学生素质教育的重要阵地，是学校教育事业的重要内容，所以建设良好的学生社团已成为当代大学必须做好的任务。但做好社团活动，必须要有一批既有责任心又有进取心的指导教师来帮助社团的建设。学校制定相关规范手册，用以加强对各个指导教师的管理和监督，规范指导教师的行为。以此通过指导教师这个纽带加强校团委与社团之间的沟通与交流，深化对社团的监督与管理。最终使社团不断自我完善、自我发展，进而不断向上健康发展。

7.1.1.1 社团简介——测绘地理信息协会

社团名称：测绘地理信息协会。

社团简介：促进测绘科学技术的繁荣、发展、普及和推广，促进测绘科技人才的成长和提高，促进测绘科学技术与经济的结合，维护测绘科技工作者的权益，为创建创新型、节约型国家以及构建和谐社会服务。开展各种测绘地理活动，培养广大同学的测绘科学技术创新意识，活跃同学们的学术思想，提高同学们的学术水平和科技能力；提供各种科技信息；指导并推荐学生参加国家、省、校大学生测绘活动，普及科技知识，拓宽同学们的知识面，提高创新能力，优化同学们的知识结构；开辟沈阳城市建设学院第二课堂，开展校企合作实训等实践项目，丰富大学生课余文化生活，以满足广大同学习知识、培养技能、拓宽视野、适应社会、完善自我的愿望。

7.1.1.2 社团简介——结构设计大赛社

社团名称：结构设计大赛社。

社团简介：该社团是一个基于土木工程专业的专业社团，目的是通过培养同学们结构受力分析的能力，发展同学们的兴趣爱好，让同学们掌握扎实的专业技能，同时为每年一度的"全国大学生结构设计竞赛"培养专业选手。社团得到学院大力支持，配备专业指导教师，拥有先进、齐全的器材。

7.1.1.3 社团简介——力学竞赛社

社团名称：力学竞赛社。

社团简介：大学生力学竞赛活动是在紧密结合课堂教学的基础上，以竞赛的方法，激发学生理论联系实际和独立工作的能力，通过实践来发现问题、解决问题，增强学生学习和工作自信心的系列活动，力学竞赛具有探索性、创造性和科学性，既无任何捷径可走，又需要付出艰苦的劳动。因此开展力学竞赛活动，有助于培养大学生严谨求实的学习态度和用于探索、积极进取的科学精神。力学竞赛在促进学科建设和课程改革，引导高校在教学改革中注重学生创新能力、协作精神、理论联系实际、动手能力和工程训练的培养，在倡导素质教育、提高学生的创新能力和对实际问题进行设计制作的能力等诸多方面有着日益重要的推动作用。

7.1.1.4　社团简介——新型建筑材料社

社团名称：新型建筑材料社。

社团简介：新型建筑材料是在传统建筑材料基础上产生的新一代建筑材料。新型建筑材料主要包括新型建筑结构材料、新型墙体材料、保温隔热材料、防水密封材料和装饰装修材料。新型建筑材料一般指在建筑工程实践中已有成功应用并且代表建筑材料发展方向的建筑材料。凡具有轻质高强和多功能的建筑材料，均属于新型建筑材料。即使是传统建筑材料，为满足某种建筑功能需要而再复合或组合所制成的材料，也属于新型建筑材料。

7.1.1.5　社团简介——城建CAD制图社

社团名称：城建CAD制图社。

社团简介：CAD软件具有原创风格，易学、易懂、实用、绘图效率高，现已被广泛应用于机械设计、土木建筑、装饰装潢、城市规划、园林设计、电子电气工程、航天航空以及服装鞋帽等诸多领域。本社团为CAD爱好者组织平台，安排场地学习，寻求、提供技术上的指导和帮助，并且不定期组织团员进行活动，增进大家的友谊和各方面的沟通。本社团主要通过上机操作的形式传授AUTOCAD和CAXA制造工程师等设计、加工软件的应用知识。

7.1.2　土木类专业主要学科竞赛

根据国家创新创业竞赛指导目录，与土木类相关的学科竞赛主要有全国大学生结构设计大赛、辽宁省普通高等学校本科大学生结构设计竞赛、辽宁省普通高等学校大学生"测绘地理信息之星"大赛、"苏博特"杯全国大学生混凝土材料设计大赛、全国周培源大学生力学竞赛等赛事。各学科竞赛介绍如下。

7.1.2.1　全国大学生结构设计大赛

全国大学生结构设计大赛是由教育部、财政部首次联合批准发文的全国性9大学科竞赛资助项目之一，目的是为构建高校工程教育实践平台，进一步培养大学生创新意识、团队协同和工程实践能力，切实提高创新人才培养质量。该竞赛由中国高等教育学会工程教育专业委员会、高等学校土木工程学科专业指导委员会、中国土木工程学会教育工作委员会和教育部科学技术委员会环境与土木水利学部共同主办，各高校轮流承办和社会企业资助协办。

全国大学生结构设计竞赛从2005年由浙江大学倡导国内11所高校共同发起，至2019年10月，已举办13届，第2～第13届分别于2008年、2009年、2010年、2011年、2012年、2013年、2014年、2015年、2016年、2017年、2018年、2019年在大连理工大学、同济大学、哈尔滨工业大学、东南大学、重庆大学、湖南大学、长安大学、昆明理工大学、天津大学、武汉大学、华南理工大学、西安建筑科技大学举行。

竞赛方式如下。

（1）省（市）分区赛

① 省（市）分区赛一般由省（市）教育行政部门或委托相关学会等部门主办，设分区赛组委会秘书处，各高校轮流承办，并在获奖参赛队中推荐参加全国总决赛的参赛高校。

② 目前尚未举办过省（市）分区赛的，由秘书处指定高校组织分区赛选拔推荐参赛高校参加全国总决赛。从2018年起原则上均要求须通过省（市）分区赛方式选拔参加全国总决赛。

（2）参加全国总决赛的高校

① 全国竞赛发起高校及承办过全国竞赛的高校。

② 当年承办各省（市）分区赛的高校。

③ 各省（市）分区赛推荐的高校。

④ 适当邀请部分境内外高校。

以上参赛高校总数一般控制在100～120所。

参加全国总决赛的高校推荐1个参赛队，当年承办全国总决赛的高校可推荐2个参赛队。

各省（市）分区赛必须在完成后，上报赛区工作总结及评审结果等，由全国竞赛秘书处按总决赛名额分配原则下达各省（市）分区赛推荐名额，选定时间由各分区赛组委会秘书处同时向当年承办全国竞赛的高校组委会和全国竞赛秘书处上报参加全国总决赛高校及参赛队名单（含指导教师、领队）。全国总决赛一般安排在下半年10月中下旬举行。

参赛高校应组队参赛，每个参赛队由3名学生组成，可指定1～2名指导教师（3名及以上署名指导组），参赛学生必须属于同一所高校在籍的全日制本科生、专科生，指导教师必须是参赛队所属高校在职教师，指导教师有责任保证参赛成员身份的真实性。

全国总决赛一般采用提前公布题目，在同一时间、地点，使用统一材料、工具制作和统一设备测试等方式，也可视命题形式采用其他竞赛方式。省（市）分区赛可根据实际情况，参照全国总决赛方式或采取其他竞赛方式。

竞赛过程包括参赛报名、提交方案、开幕式、现场制作模型、陈述答辩、加载测试、专家点评和闭幕式（颁奖仪式）等，参赛队必须参与完成上述全过程，方可取得参赛成绩。

竞赛评审包括方案设计与理论分析、模型制作效果、结构创新点、现场陈述与答辩、模型加载测试等环节。

7.1.2.2 辽宁省普通高等学校本科大学生结构设计大赛

大学生结构设计大赛是教育部认定的全国大学生九大赛事之一。辽宁省普通高等学校本科大学结构设计大赛是为国赛选拔人才，同时也是土木工程学科培养大学生创新意识、合作意识和工程实践能力的最高水平的学科性大赛。大赛选题具有重要的现实意义和工程针对性，大赛分为方案设计与理论分析、结构模型制作、作品介绍与答辩、材料和时间利用率、模型加载试验五个环节，考察学生的计算机建模能力、结构优化分析计算能力、复杂空间节点设计安装能力，检验大学生对土木工程结构知识的综合运用能力。

7.1.2.3 辽宁省普通高等学校大学生"测绘地理信息之星"大赛

辽宁省普通高等学校大学生"测绘地理信息之星"大赛被辽宁省教育厅列为"本科大学生创新创业竞赛项目"之一，每两年举办一次，主要考核学生测绘基本理论、基本方法和解决工程实际问题能力以及测绘学科前沿知识，同时，更好地发挥了辽宁省测绘学科特色与优势，实现省内有关高校之间资源共享、优势互补、互相学习、共同发展。大赛项目分为航空影像成图、测绘程序设计、测绘创新开发、虚拟仿真数字测图四项专业组竞赛和虚拟仿真数字测图一项非专业组竞赛。为了更好地办好大赛，辽宁省测绘地理信息学会教育工作专业委员会对比赛项目的设置进行了精心的策划。其中，航空影像立体成图竞赛是全国省级比赛的首创，也为国赛积累了成功经验。虚拟仿真数字测图项目的设置既是应对当下疫情的最佳竞赛方式，也为今后疫情常态化下数字测图的教学与比赛提供了新方法。该赛事由于竞赛方法类似游戏竞赛，在考查知识性的同时也充满了趣味性，使学生对数字测图的兴趣明显增加。创新开发与程序设计竞赛项目，学生将计算机与地理信息技术相结合，充分激发了他们的创新思维与创业活力。截至2022年辽宁省普通高等学校大学生"测绘地理信息之星"大赛已成功举办了9届。

7.1.2.4 "苏博特"杯全国大学生混凝土材料设计大赛

大赛由教育部无机非金属材料专业教学指导委员会、中国混凝土与水泥制品协会、全国高等学校建筑材料学科研究会与承办大学联合主办。大赛面向全国高校无机非金属材料与土木工程专业大学生，每两年举办一届。截至2021年，大赛已经举办了六届，是混凝土材料行业内最具影响力的大学生科技竞赛活动。大赛的设计主题是：C30/35/40/45/50大流态混凝土、采用机制砂，以有利于混凝土耐久性为原则，兼顾工程应用环境与经济性。大赛包括理论考试、配合比设计与实践操作三个环节，旨在将课堂理论知识与试验实践相结合，激发学生学习专业知识的积极性，提高对所学知识的综合运用能力，培养学生的创新意识与团队精神。

全国大学生混凝土设计大赛是由CCPA教育与人力资源委员会与全国高等学校建筑材料学科研究会主办的，面向全国高校土木工程与无机非金属材料专业大学生的一项科技竞赛活动，每两年举办一次。第一届大赛已于2010年8月在大连成功举办，由大连理工大学承办。

7.1.2.5 全国周培源大学生力学竞赛

全国周培源大学生力学竞赛为教育部委托主办的大学生科技活动，目的在于培养人才、服务教学、促进高等学校力学基础课程的改革与建设。有助于高等学校实施素质教育，培养大学生动手能力、创新能力和团队协作精神；有助于增进大学生学习力学的兴趣，吸引、鼓励广大青年学生踊跃参加课外科技活动；有助于发现和选拔力学创新的后继人才。

本项竞赛受教育部高等教育司委托，由教育部高等学校力学教学指导委员会力学基础课程教学指导分委员会、中国力学学会和周培源基金会共同主办，中国力学学会教育、科普工作委员会以及各省（市）、自治区力学学会与一所高校协办，并委托"力学与实践"编委会承办。协办高校每届轮换。

力学竞赛的基础知识覆盖理论力学与材料力学两门课程的理论和实验，着重考核灵活运用基础知识、分析和解决问题的能力。竞赛包括个人赛和团体赛，个人赛采用个人闭卷笔试方式，团体赛采用团队课题研究方式。由竞赛组织委员会组织专家组进行最终评定，根据个人赛成绩评定出全国竞赛个人特等奖5名，一等奖15名，二等奖30名，三等奖、优秀奖人数分别为赛区参加人数的5%和15%。竞赛每两年举行一次，将在中国力学学会学术大会上给全国竞赛优胜者授奖。

7.1.3　团赛结合模式研究

应用型本科院校是以培养具有理论知识和较强实践能力，面向基层、面向生产、面向管理的一线岗位的实用型、技术型和技能型人才为目的。目前，高等院校学生社团大多数没有实用型、技术型和创新型的人才培养模式，综合类社团较多，针对专业类和实践类的社团较少。为了推动应用型本科院校教育的发展，促进教学方法和教学手段的改革，积极开展团赛结合教学模式，达到应用型人才培养的目的，也符合培养创新型人才的社会发展需求。土木工程学院重视学生创新精神、创业意识和创新创业能力的培养，借助专业优势及各类社团，积极开展学科竞赛和创新创业竞赛，形成以赛促教、以赛促学、以赛促建的教育模式，实施学生社团与学科竞赛结合，与创新创业项目结合的"教与学"模式。

7.1.3.1　以赛促教模式

（1）团赛促进教师师资队伍建设

社团及竞赛的内容涉及多门课程，是教师学习的"窗口"，是促进教师技能学习的良好平台。指导学生参加社团及竞赛，指导教师需要比较全面的理论知识、较强的实践操作能力和综合应用能力，才能对学生进行全方位指导。例如，为了准备学科竞赛，学院积极组织集训，帮助指导教师进一步将自己的理论知识和实际操作进行融合，协助指导教师通过多种形式提高自身的教学水平。采取专业教师到企业实践锻炼或有针对性地参加短期培训，提高专业技能；或者从企业引进专家或技术人员任兼职教师，直接参与实践性教学环节。虽然部分教师原来掌握的仅是教学层面的知识、技能，但他们要想很好地指导学生就必须先于学生掌握理论和实操技能，提升了教师的能力，开阔了教师的视野。在指导学生的过程中指导教师之间、师生之间相互学习，共同提高。通过知识、技能和经验的相互渗透及补充，使指导教师的业务能力、专业素质迅速提高，促使教师在教学、科研和服务企业中发挥更大的作用，从而推动双师素质教学团队建设。

（2）团赛促进课程教学改革，提高教学质量

竞赛会促进教学质量提高，有效规范了教学效果评价标准，实现了对人才培养过程和人才培养质量的监控，及时调控教学行为，不但加强了学生的专业基础理论和实际操作能力的考核，同时加强了对学生职业道德、职业素养的考核，将行业标准融入专业教学，有效实现"双标准"的融通，使学生在参与竞赛的过程中学做人、学做事，极大限度地促进教学质量的提高。在竞赛中，可以明确现代企业需要什么样的专业技术人才，为培养应用型人才探明了道路，并且在学科竞赛中有更多的机会与企业接触，进一步深入市场调研，瞄准市场变化，贴近企业需求，努力实现培养目标与企业"零距离"对接，对就业需求有了进一步的了解，根据人才需求制定课程教学目标，以培养更多适应产业需求的高素质合格人才。

7.1.3.2　以赛促学模式

（1）团赛促进实训学习

从课堂理论教学到团赛中真实项目的训练，学生可以把实训项目操作的基本知识学好，利用学校资源，教师引导，采用不同的实训方法，开展校内及校外实训项目，并以"校内竞赛"的方式，把实训操作技能加以强化，学做结合，相辅相成，在学生主观意识中，慢慢由"要我学"上升为"我要学"，学生自主地把学习的压力变成了动力，获得最有力的就业能力提升效果。创新竞赛中，通过教学组织安排，充分发挥学生的主体作用，积极引导学生自主学习的能力，使学生进行主动型学习，实践型学习，创新型学习，达到应用型人才培养的目的。

（2）团赛激发学生学习兴趣

形式多样的学科竞赛有助于激发学生的学习兴趣，如专业研究社团依据教学特点引入形式多样的社团活动，按学生的学习阶段和特点开展进行，如社团参观、社团实训、社团演讲、社会活动、社团竞赛等。学生运用所学的专业知识，以灵活的形式进行运用并参赛。在老师的指导下，学生自己可以几个人组成一个小团队，分工明确，将全部实训内容应用到竞赛过程中，有效提高学生的学习兴趣。团赛与课程在活动中有机地相融合。结合专业内容，每年不断更新、补充新的实训项目，引导学生课下去自学更多的知识。

（3）团赛促进学生实践操作能力与创新技能的提升

为了能够让学生适应竞赛活动，土木工程学院在校内举行多个主题的多次竞赛活动。其中，每年举行学科竞赛、社团专项竞赛、创新创业大赛和培训考试。参加大型比赛的学生，在学院内部首先进行比赛，选出最好的学生，通过对选出的学生进行集中训练，通过举办与参加上级竞赛活动，学生的实践操作能力得到了明显的提高。创新技能方面，在确定选题后需要通过网络搜集、文献检索等多种方式收集资料，结合资料与所学的知识进行综合分析，提升了信息获取能力和综合分析能力；参赛过程中需要学生不仅有创新思想，还要将思想投入实践，亲自动手制作，边学习边实践，在实际操作中不断发现问题并解决问题，最终完成参赛成果，提升了实践操作能力；完成参赛目标，还需要学生们的团队合作，通过团队的合作交流发现新思想，通过"头脑风暴"找到解决问题的办法，提升了团队合作及沟通交流能力。

7.1.3.3　以赛促建模式

团赛结合促进课程体系建设。团赛结合作为"第二课堂"，一方面，可以培养学生的实践动手能力，有助于提高学生的人格和综合素质；另一方面，也是对理论教学的深入理解和实践及创新的重要内容。团赛的广泛开展促进了相关学科的实践教学改革与实践，不断提高综合性、设计性实验的开设范围，对实践教学建设和改革具有积极的推进作用。

（1）团赛教学模式促进实验课程建设

学科竞赛活动的广泛开展推动了实验室开放制度的完善。为了给学生社团和竞赛实训提供的良好条件，学校相关实验实训中心、实验室和仿真实训中心对参与项目的学生免费开放，免费提供实验场地、实验仪器设备。充分发挥实验室的资源优势，促进实验教学改革，逐步形成高素质创新人才培养的新机制，学校逐步推进实验室开放制度。为保障实验室高效、规范、有序的运行，开放实验室的管理制度不断完善，设置实验室开放信息，公布各实验室开放的时间、场地、设备、可开展的实验项目和指导教师等信息，学生可通过选择并预约进入实验室开展团赛研究及实训。

（2）团赛促进实验课程的建设

团赛促进了竞赛项目不断转化为实验课程的实验项目，在实验教学中不断完善设计性、综合性实验，不断开发创新性实验，提高实验教学水平。依据学科竞赛成果已经转化的实验项目的完善程度，又可对进一步增设实验设备、扩大实验室规模提出设想与建议，对不断增强实验室功能、提高实验室课程开设的水平能起到积极的促进作用。竞赛题目经过整合后许多都转化成相关课程的实验项目，极大地增强了学生的学习兴趣，引导学生动手实践。

7.2 团赛结合工作的具体措施

土木工程学院秉承"土育良材、精技善建"院训精神，"精技善建"是指精通技术，精益求精、技术与理论知识应用相结合，用善心建设土木工程，有能力建设优质工程，将学生培养成为优秀的建筑工程师。"精技"是核心能力，"善建"是专业目标。全面提高学生学习能力、动手能力、实践能力、应用能力、综合能力，强化工程实践能力培养。秉承"心中想着基层、眼睛盯着一线"的理念，增强学生主动适应社会需求，为城市现代化建设服务。

关注学生的不同特点和个性差异，注重挖掘学生的优势潜能，开展课程教学改革。大力倡导学生参加各类竞赛、社团活动，拓展学生素质。土木工程学院重视学生创新精神、创业意识和创新创业能力的培养，借助自身专业优势及各类社团，积极开展学科竞赛和创新创业项目申报，以赛促教、以赛促学、以赛促建。

近年来，土木工程学院借助自身专业优势及各类社团，在各级各类学科竞赛中不断取得优良的成绩，成为学院进行学风建设的重要内容。

7.2.1 "团赛结合"教学措施改革

7.2.1.1 优化课程知识体系，深度融合实际案例

从课程知识的角度来看，教师在课堂授课时总是尝试将各种知识系统全面地讲授给学生，希望学生能够全面掌握相关的知识点。然而从实际应用的角度出发，上述课程知识点应有所侧重，有些知识点在实际中应用比较广泛，需要精讲，有些不常用，可以略讲，甚至作为学生自学的材料；所以，课程知识体系要根据实际应用进行知识结构体系优化，有所侧重。以前的课程教学中大多数情况下是按照既定的教学大纲进行授课的，教学大纲主要针对课程理论知识结构设定。"团赛结合"课程的教学侧重点在于学生实践能力的培养。这就要求该课程必须与学科竞赛进行深度融合。在课程教学的过程中，除了理论讲授以及实践教学以外，教师可以适当引入比赛赛题。例如：教师在授课过程中可以引入比赛赛题作为一个案例分析。

工程教育必须主动适应，面向产业需求，以学科前沿、产业和技术最新发展推动教学内容更新，而学科竞赛和社团活动不但涉及学科前沿知识，反映学科领域热点问题，还与新兴产业和经济紧密相关，通过学科竞赛可以丰富教学内容，促进教学改革，将创新创业教育与专业教育深度融合，培养学生创新精神、创业意识和创造能力。

7.2.1.2 根据学生兴趣改革方法

学科竞赛和社团活动始终强调的是对学生理论联系实际、分析和解决实际问题能力的培养及考察。突出理论与实际相结合、课堂学习与实际应用相结合，以实现对学生在理论、实践、表达、竞争、交流和创新等方面综合能力的训练；多数以小组参赛锻炼学生的团队意识和合作精神；同时在竞赛过程中进一步培养学生正视挑战、勇于创新的精神。从人才培养的角度看，学科竞赛和教学改革是溯本同源、目的一致。学科竞赛主要侧重于考察参赛者实际分析、解决问题的能力，强调创新意识和思维亮点，是一条培养高素质和创新能力人才的重要途径。学科竞赛是实践教学中的重要环节，是培养学生动手能力和创新人才、提高人才质量的有效途径。

在教学过程中，落实以学生为中心的理念，根据学生志趣改革教育教学方法，增强学生的"向学力"。学科竞赛往往集实用性、竞技性、趣味性和激励性于一身，能够激发学习兴趣，充分发挥学生的主观能动性，促使学生积极观察、分析和思

考，讨论交流，有助于促进知识迁移，开阔眼界，培养团队合作精神，提升学生的实践能力和创新创业能力。

7.2.1.3 利用校内外资源条件，实行教学方式多元化

充分利用校内外各种资源，优化协同育人模式，建设协同育人实践平台，利用学校各个学科优势，在竞赛中将各学科交叉融合，为跨院系、跨学科、跨专业交叉培养新工科人才创造条件。

把课程教学活动与学科竞赛和社团活动活动联系起来，构建学科竞赛与课程体系和教学方式紧密结合，使学科竞赛内容深入日常教学活动中，使学科竞赛和社团活动成为日常教学活动的有益补充。将与学科竞赛和社团活动的相关课程纳入校通识选修课中，供全校不同学科的学生选修。学科竞赛和社团活动为沈阳城市建设学院培养复合型人才、学科交叉型人才和创新型人才提供了有力保障。同时，充分利用校企合作平台和学生的课外活动时间使学科竞赛与应用实践活动相结合，开展社会调查、专题调研、项目开发，走出校门到工厂、到企业进行实地考察和现场学习，将所学的理论知识与实际相结合。让学生对自己发现的问题进行自主选题，试验题目的可行性，选择多种解决方法，自行设计与制作，为学生提供一个充实课外活动，丰富创新实践的舞台，较好地培养了学生的组织能力、自我管理能力、团队意识等综合素质。

加大学生到企业进行实习的力度，实习是使学生获取直接知识、巩固所学理论不可缺少的实践性教学环节，是教学计划的重要组成部分，是实现专业培养目标的重要保证。通过实习，最大限度地缩小高校与社会之间的距离，缩小理论知识与应用能力的距离，缩小读书与就业之间的距离。对企业而言，通过冠名学科竞赛，又做了企业宣传，提高了企业知名度，不仅促进了企业文化的传播和先进科技及设备的推广，还加强了校企融合，为企业吸收理论与应用并重、素质与能力齐全的优秀人才。

7.2.1.4 培养学生创新能力

学科竞赛可以有效提升学生的专业实践能力，巩固专业理论知识。土木工程学院以培养应用型人才为主要目的，通过多种方式来提高学生的应用实践能力。常规教学中，学生主要通过基础理论知识和课程作业来进行专业课学习，这种方式重在

考察学生的基础理论和实践能力，而非专业技术的提升与突破。在学科竞赛和社团模式下，学生可与本校或其他院校同专业学生进行项目竞赛，有效增加了学生进行实践和训练的机会。

将竞赛和社团活动融入日常教学活动，打造"赛事常规化"教学环境。学科竞赛往往涉及多个学科领域，通过学科竞赛，可以解除学科间的束缚，改变僵化的知识体系，推进专业交叉融合。学科竞赛指导教师作为专业课程骨干教师，将竞赛的优势元素引入教学，丰富教学内容、改革教学方法，使竞赛和教学紧密结合，增大了创新培养的受益面，实现专业教育和创新教育的有机融合，相互促进。例如，在"土木工程材料""混凝土科学""无机材料测试技术"等课程的教学过程中，引入"全国大学生混凝土材料设计大赛"竞赛题目作为案例组织学生分组讨论，采取"案例分析-知识点解析-编程训练"的形式，强化学生的专业技能，整个教学过程体现了"以学生为中心"的教学理念，在提升课堂教学质量的同时，培养学生的自主学习能力、应用能力、合作能力和创新意识。

7.2.2 "团赛结合"教学措施保障

7.2.2.1 加强实验室的建设与开放

学科竞赛和社团活动中涉及的学校硬件设施包括图书馆藏书资源、实验室设备资源等。高校图书馆基本的教育职能就是情报职能，图书馆拥有极其丰富多样的图书和馆藏文献，为学生传播信息和提供知识，是学生的"第二课堂"。虽然面对日新月异的社会发展，知识经济的发展，在知识信息领域多学科交叉渗透，信息海量增加，各种信息混杂现象严重，网络信息凶猛来袭，但图书馆在知识领域的专业性、权威性和可信度更高。所以图书馆的资源更新是否及时，也直接关系到学生是否第一时间了解了信息的更新，知识的更新和科技的进步，图书馆的藏书量是否强大，也决定着学生掌握的知识是否具有较高的可信度。在日常教学中，实验室教学是重要的环节，对学生的动手能力培养起着关键作用。尤其对学科竞赛而言，学科竞赛考察的是学生运用理论知识解决实际问题的能力，例如结构设计大赛、识图大赛、混凝土材料设计大赛、测绘之星大赛等都要求学生解决实际问题，这就要求学校加强实验室的建设。老师在平时多训练学生进入实验室，让学生在实验室练习制作、编程、交流、思考等，并确保教学实验室真正用于改善教学实验条件，保障实验设备真正给学生带来较高水平的实验。

7.2.2.2 优化竞赛激励机制

通过多种途径，优化竞赛激励机制，以提高学生参与学科竞赛的积极性，达到提升学生创新能力的目的。例如，在专业培养方案中，规定学生必须完成4~8学分的创新学分，学生可通过参加学术讲座、学习创新创业课程、参加创新活动、学科竞赛获奖等方式来完成创新学分，由于学科竞赛获奖奖励的创新学分较多，同时还能额外获得奖金、证书、各类荣誉评选资格、去知名企业实习的资格，因此更能吸引学生，使得学生在主动参加竞赛的过程中，实践应用能力、创新思维、合作精神、竞争意识等都得到显著提升。

7.2.2.3 不断优化学科竞赛和社团的师资队伍建设

学科竞赛和社团活动涉及范围广泛，这就要求指导学科竞赛的教师的知识面和实践经验相对于普通教学教师的知识面和实践经验更宽广、更丰富。吸收更多优秀的教师到学科竞赛和社团活动指导的队伍中，组建雄厚的指导教师团队，是学科竞赛取得好成绩的重要保障。选拔教师的标准有三点：一是对某类学科竞赛所涉及的基础知识基础理论扎实。例如混凝土材料设计大赛赛前培训，首先就要对基础理论进行全面讲解，学生应该重点掌握混凝土配的组成、设计和应用，基础理论就像高楼的地基，地基越扎实高楼越结实，楼房才能高而稳。二是交叉学科性强，最好有跨学科、跨专业背景。三是在教学中注意创新意识的培养。参加学科竞赛是培养学生的创新能力，但如果指导老师在教学培训中没有注意培养学生的创新意识和发散思维，那么学生在竞赛过程中也很可能想不到用多种方法解决问题，更谈不到创新。

7.2.2.4 设立学科竞赛和社团活动专项基金，提高师生待遇

加强经费投入、设立学科竞赛和社团活动专项基金，是学科竞赛和社团活动顺利进行、高效运行的重要物质保障。经费可以由社会力量共同资助，吸纳各种资金，以形成学科竞赛经费来源的多元化渠道。设立学科竞赛立项制，有专门的项目

组织者、项目负责人、项目参与者以及负责项目基金专员；设立学科竞赛专项基金，可按不同的学科竞赛性质和类别，赛事所需的人力、物力、财力给予不同的基金标准。落实基金到项目，高校每年度给予学科竞赛各项目一定额度的基金进行建设，作为承办方所承办的科学竞赛也给予一定的基金支持，确保学科竞赛的有序进行。在竞赛期间保证师生的日常所需，如提供充足的水、食物等基本条件，提高师生的待遇。每次竞赛结束后的剩余经费可累积到下一次竞赛投入使用，可根据实际情况合理分配和使用经费，要确定责任到人，确保专款专用。

7.2.2.5　加强学科竞赛活动的组织性

学科竞赛要有组织性，应建立健全管理体系，科学组织规划流程，有效总结经验，在"以赛促学"机制下对学生的专业学习进行个性化培养，保障学科竞赛的高质量性，将学科竞赛的优势应用于日常教学中。除了校内的学科竞赛外，还要积极联络周边城市及地区的院校，共同组织学科竞赛活动，学习和吸收其他院校的特长，达到相互交流促进的效果。

7.3　"团赛结合"工作成果案例

以结构设计大赛社和辽宁省普通高等学校本科大学生结构设计竞赛为例。结构设计大赛社团基于"全国大学生结构设计竞赛"与"辽宁省大学生结构设计竞赛"建立，根据土木工程学院特色人才培养模式"一主一中四结合"中的"团赛结合"开展具体工作，以"筹备省赛"-"省赛人员终选"-"参加省赛（国赛）"-"获奖宣讲"-"筹备校赛"-"举办校赛（省赛人员初选）"为一个闭环，贯穿每年春秋两个学期，指导教师指导社团完成以上工作。

7.3.1　筹备省赛（1~3月）

指导教师根据"全国大学生结构设计竞赛"与"辽宁省大学生结构设计竞赛"所下发的题目，购买竞赛所需装置与材料，并组织社团成员开展竞赛题目研讨，指导校赛中确定的省赛初选人员开展结构方案设计与模型加工。

7.3.2 省赛人员终选（4月）

指导人员根据省赛初选人员所设计方案与制作的模型，进行评比，并基于社团成员的集体决定，确定最终参加"辽宁省大学生结构设计竞赛"人员。

7.3.3 参加省赛（国赛）（5～8月）

对参赛人员进行集中培训，并组织社团成员做好观摩、研讨和学习。根据具体竞赛要求，带领参赛人员代表学校参加"辽宁省大学生结构设计竞赛"（如果取得辽宁省前两名则可参加"全国大学生结构设计竞赛"）。

7.3.4 获奖宣讲（9月）

组织竞赛获奖学生进行社团、专业以及学院内的宣讲，介绍竞赛内容、鼓励同学们加入社团中，参与到竞赛里。

7.3.5 筹备校赛（10～11月）

根据当年"全国大学生结构设计竞赛"和"辽宁省大学生结构设计竞赛"的设计题目，筹备"沈阳城市建设学院结构设计竞赛"，进行竞赛宣讲和模型制作的教学。

7.3.6 举办校赛（省赛人员初选）（12月）

依托社团，组织"沈阳城市建设学院结构设计竞赛"，根据竞赛结果，确定下一年度参加"辽宁省大学生结构设计竞赛"的初步人选。

土木工程学院从2013年开始着手结构设计大赛校赛，为省赛做好充分的准备。两年后参加辽宁省普通高等学校本科大学生结构设计竞赛。截至2022年（2020年未举办），正式参加辽宁省普通高等学校本科大学生结构设计竞赛已有8年的时间。在学校领导、学院领导班子的支持下，在土木工程学院学生教师的共同努力下，学院共获得辽宁省一等奖2次（2017年总排名第1、2021年总排名第3），二等奖2次

（2017年总排名第7、2021年总排名第8），三等奖4次（2016年、2019年、2022年），优秀奖3次（2018年、2019年）、最佳制作奖1次（2016年）。2021年7月8～11日，由辽宁省教育厅、辽宁省财政厅主办的"中国二十二冶杯"2021年辽宁省大学生结构设计竞赛在辽宁科技大学举行，共有来自全省25所院校的50支参赛队伍参加了竞赛活动。沈阳城市建设学院土木工程学院6名学生组成的2支参赛队经过激烈角逐，最终分别荣获省一等奖和省二等奖，沈阳城市建设学院同时荣获大赛优秀组织奖。

精技善建——实践故事

附录1　追梦之路

从此我不再仰脸看青天，不再低头看白水，只谨慎着我双双的脚步，我要一步一步踏在泥土上，打上深深的脚印！

——朱自清

沈阳城市建设学院土木工程学院道路桥梁与渡河工程专业2020届毕业生刘晴，他曾是土木工程学院岩土工程科研学生社团副社长，大三上学期参加校企合作实训培训会，获得实训证书。

  2018年大学生创新创业项目中，刘晴在指导老师带领下与团队研究设计了一种基坑支护可调预应力装置，该项目获批为省级、国家级项目。刘晴及其团队利用假期开始到工地进行调研，完成了一份调研报告，通过互联网以及翻阅书籍收集相关资料，设计了装置模拟图，之后在实验室组装模型，结题时完成装置的设计并发布了两篇论文。

  刘晴在大四时期到中冶沈勘工程技术有限公司进行专业实习，在深圳机场桩基础工程项目中负责桩基管理工作，工作中发扬吃苦耐劳的精神，出色地完成了专业实习任务，为毕业后就业打下良好基础。

  毕业后刘晴就职于中冶沈勘工程技术有限公司，在广州五矿地产长岭居项目中负责基坑支护管理工作。工作中不断提升自己的业务能力，努力把自己塑造成业务能力强的应用型人才。

  刘晴同学是土木工程学院"一主一中四结合"中"校企结合"的典型人物。离开校园步入社会，新的开始将会迎来新的挑战，刘晴定会带着学校给予的力量与期望，传承城建文化，发扬城建精神，继续拼搏奋斗，为自己的人生谱写绚丽的篇章！

基于"五实育人"的
土木类专业人才培养模式研究与实践

附录2　绘梦之路

成功=艰苦的劳动+正确的方法+少说空话。

——爱因斯坦

　　沈阳城市建设学院土木工程学院测绘工程专业学生在全国第三次国土调查项目中完成外业现场调查，该项目是测绘工程专业基于校企合作的一次大规模的"拿着真实项目做"的综合性内外业实践教学项目，"三调"工作十年进行一次，是当代测绘人的难得的际遇，这次任务技术含量高、时间紧迫、工作强度大，能极大提高测绘的综合应用能力。

　　学生们对这种校企合作的教学模式非常感兴趣，对这种能接触实际工程项目的机会也很珍惜，内业工作部分多达80余人参与其中。学生们在假期期间，自发选择坚持在工作岗位上，最终在内业工作截止时间点前，完成了计划的全部任务。

　　工程项目中，内业判读完后需进行外业举证，举证地点位于凌源市，距离学校较远，为保证学生们的安全和外业举证实习平稳运行，学校将学生分为6个作业小

组，每组包括四名学生和一位自有教师或一名广州南方测绘科技股份有限公司技术人员。

因测区条件有限，且山地占比较高，学生中午无法离开测区，所以学生午餐用可方便携带的面包及矿泉水替代，而且没有固定的就餐地点，一般工作到何处，便在周围寻找一个没人的地方，像水泥管道和河沿边是学生选择最多的地方，条件相较来说比较艰苦。可环境越是艰苦，越是能培养下得去、留得住、用得上、具有社会责任感和健全人格，具有职业道德、创新意识和敬业精神，专业基础扎实，应用能力强，综合素质高的应用型人才。

由于待举证图斑绝大多数在山中，山中地形条件复杂，学生在保证自己安全的前提下，以日均四万步、三十千米的行程在深山中穿行，可以说，他们在用自己的足迹丈量这美丽的河山。

为了保证数据质量与项目进程吻合，学生不仅白天需要进行图斑举证，而且在晚上还要对数据进行修改，内外业同步对数据进行更新，这更是要求学生在内外业都有一定独立工作的能力，加深了学生对于测绘行业的认知程度，将在课堂上所学的知识结合实际应用，提高了学生的实践技能素养，培养学生协作配合的本领。

目前参与"三调"实习的学生已走向工作岗位，通过追踪、反馈，对参与"三调"内业、外业的55名学生进行统计分析，有10名学生选择读研继续深造，25名学生进入央企和国企，20名学生进入私企，测绘工作从业率高达95%。

测绘工程专业2021届毕业生齐北，在校期间，参加虚拟仿真软件研发实践，攻克企业研发人员解决不了的难题，在国家10年一次的重大型国土资源调查中表现优秀，获得优秀实践学生称号，就业时被东北设计院录用，得到企业的高度评价，现担任项目经理，代表着沈阳城市建设学院毕业生的水平，也代表着沈阳城市建设学院人才培养的方向，以梦为马，向着美好的未来奋勇前进。

同样的故事不仅仅在测绘工程专业发生，土木工程、道路桥梁与渡河工程、安全工程等专业也逐步结合建筑工程虚拟仿真软件开展实践教学，"一主一中四结合"中"实虚结合"让学生对着真实技术练，实现应用型人才的培养目标。依托虚拟仿真实验教学平台，学生根据课程要求和工程实际，自主设计实验，进行实验全过程的操作与体验，从而促进学生自主学习与操作学习，实虚结合，绘梦未来！

附录3　筑梦之路

不唯上、不唯书、只唯实，交换、比较、反复。

——陈云

　　黄魏、余泽华、李锦路是沈阳城市建设学院土木工程学院土木工程专业2019届毕业生。这3名同学与其他同学相比略有不同的地方就是，黄魏是土木工程学院结构设计大赛社团的社长，余泽华和李锦路是结构设计大赛社团的成员。可就是这个略有不同的身份，筑成了他们大学生涯的一段唯实之路、一段光辉之路。

　　在2016年的校结构设计大赛中，他们三人凭借着出色的表现获得了一等奖，并取得代表我校参加2017年辽宁省结构设计大赛的资格。从2016年11月的校赛后，他们就开始准备2017年7月份的省赛。以社团为依托，他们利用每月定期的社团活动时间与指导老师和其他社员研讨、实践结构模型的设计和制作方法。

　　2017年3月省赛题目发布后，他们将课余时间全部投入模型设计和制作中。由于不能影响正常学习，又怕时间不够用，他们就把被褥搬到了结构模型制作室，每天都组织社团没有学习任务的同学在模型制作室里面一起研究省赛题目，优化设计和制作工艺。终于，在2017年7月的辽宁省大学生结构设计竞赛中，他们斩获了辽宁省一等奖第一名，并代表辽宁省参加全国大学生结构设计竞赛。

获奖后，短暂的欣喜并没有让他们放松下来。他们选择了放弃暑假，整个假期都留在了学校，国赛前他们设计、实验、制作完成的各种模型可以铺满整个结构模型制作室。最终在国赛里以总排名第32荣获全国二等奖，这也是近几年辽宁省的最好成绩，超越了东北大学、大连理工大学、沈阳建筑大学等。赛后，作为社团团长和骨干，他们又开启了系列宣讲，动员同学们加入社团，积极参与到学科竞赛中。

同样，类似的故事也发生在"城建CAD制图社"和"辽宁省识图绘图大赛"，"力学竞赛社"和"全国周培源力学竞赛"，"新型建筑材料社"和"全国混凝土设计竞赛"，"无人机测绘技术社"和"辽宁省测绘之星大赛"，"团赛结合"，培育勇于实践探索的意识和担当有为的热情，照着真实情景育，一团火迸发满天星光！

唯实，开启了三名同学的筑梦之路。毕业后，黄魏考取了沈阳建筑大学建筑与土木工程专业研究生，余泽华考取了宁夏大学水利工程专业研究生，李锦路考取了沈阳工业大学建筑与土木工程专业研究生。这还不是故事的结尾，三名同学将会和沈阳城市建设学院其他学子一样，秉承"唯勤唯实"的精神，带着学校给予的力量和希望，向着各自的目标乘风破浪，奋勇前行！

基于"五实育人"的
土木类专业人才培养模式研究与实践

附录4　圆梦之路

古今中外，凡成就事业，对人类有作为的无一不是脚踏实地、艰苦攀登的结果。

——钱三强

　　沈阳城市建设学院土木工程学院土木工程专业2011届毕业生吴骞，现就职于上海建工五建集团东北公司，任技术部经理、工程研究院院长。

　　吴骞在校期间学习成绩优异，担任土木工程专业2007级1班学习委员，连续三年获得校一等奖学金，获优秀学生干部、社会实践奖学金、优秀毕业生、优秀毕业设计等荣誉。

　　吴骞所在的土木工程专业，在制定人才培养方案时，坚持充分了解行业、企业需求，总结出了建筑领域施工现场所有岗位（"十六大员"）的四大实践能力需求，即施工能力、设计能力、管理能力、创新能力，按照"课岗结合"培养要求，确定了课程体系。

　　吴骞毕业后从事的第一个岗位工作就是上海建工沈阳茂业中心项目的施工技术员，这也是土木工程专业毕业生主要就业的岗位。因为课程和岗位能力全面对接，吴骞在工作中上手很快，展现出了专业基础扎实、实践能力强的特点。在吴骞参与的第二个项目上海建工沈阳城开中心项目中，他就担任了技术负责人，负责施工方案、施工组织设计、技术交底等工作。针对项目特点成功独立申报了辽宁省省级工法一项，实用新型授权一项，城开中心被评为"第五批国家级建筑业绿色施工示范工程"，也是他们公司首次获得此项荣誉。

不仅于此，在突出实践能力培养的基础上，土木工程学院土木工程专业将职业资格证书和职业技能等级证书的考核内容也融入课程教学中，实现"课证结合"。吴骞在毕业后，基于学校所学的理论知识和丰富的工程经验，很快通过了"国家一级建造师"的考试，并注册登记。这为他的职业生涯打下了坚实的基础。

博观约取，厚积薄发。在沈阳城市建设学院土木工程学院"一主一中四结合"中"课岗证结合"人才培养模式的基础上，吴骞一步步成长为"精施工、懂设计、善管理、能创新"的应用型人才。目前他共计申请并获实用新型专利30余项，获得发明专利1项，获得辽宁省省级工法共计8项，其中参与完成的专利共计18项，工法5项。也希望他在以后的工作中，能把人生的路一步步走稳走实，勤奋出业绩，踏实创辉煌！

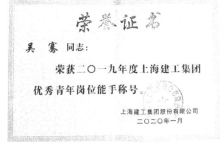

参考文献

[1]赵中华,陆法潭,马丽珠.基于校企联盟的土木类人才培养模式研究[J].教育教学论坛,2019(32):42-43.

[2]范富春.地方应用型本科高校人才培养多样化的探索与实践[J].佳木斯职业学院学报,2016(11):217.

[3]张丽芳,吴瑾.专业认证形势下土木工程专业人才培养模式改革[J].教育教学论坛,2018(16):109-110.

[4]方小玲,王协群.土木工程专业人才分类培养模式的研究与实践[J].高等建筑教育,2017,26(01):23-25.

[5]陈步云.高校实践育人机制研究[D].长春:东北师范大学,2017.

[6]冯友兰.中国哲学史[M].北京:商务印书馆,2011.

[7]中华人民共和国教育部,中共中央文献研究室.毛泽东、邓小平、江泽民论教育[M].北京:北京师范大学出版社,2002.

[8]董宝良.陶行知教育论著选[M].北京:人民教育出版社,1991.

[9]陈敏,鲁力.论儒家文化的思想政治教育价值[J].理论学刊,2015(01):118-124.

[10]文霞.建国以来我国高校实践育人的理论与实践研究[D].西安:陕西师范大学,2013.

[11]中共中央国务院印发《关于加强和改进新形势下高校思想政治工作的意见》[N].人民日报,2017(001).

[12]陆有铨.现代西方教育哲学[M].北京:北京大学出版社,2012.

[13]李志义,袁德成,汪滢,等."113"应用型人才培养体系改革[J].中国大学教学,2018,331(03):57-61.

[14]徐愫芬.转型背景下新建地方本科院校应用型课程体系的建构[J].职业技术教育,2015,36(35):20-22.

[15]丁兆奎.OBE导向下教学大纲的编制与设计[J].淮海工学院学报(人文社会科学版),2017,15(01):120-122.

[16]齐庆会.虚拟仿真技术在测绘工程学科教学中应用研究[J].测绘与空间地理信息,2020,43(06):40-43.

[17]袁圆.材料力学课程的线上线下教学模式探索[J].安庆师范大学学报(自然科学版),2020,26(03):96-101.

[18]卓玲.《地基基础工程》课程教学改革实践[J].重庆三峡学院学报,2014,30(01):154-156.

[19]钱红萍,李书进,蒋晓曙.基于工程素质与创新能力培养的"土木工程材料"教学改革实践[J].常州工学院学报,2011,24(06):85-88.

[20]孙晓慧.地方工科院校产教融合培养应用型人才路径研究[D].哈尔滨:哈尔滨理工大学,2017.

[21]胡皓,任鸟飞,胡静波.工程应用型专业卓越人才培养研究[J].中国电力教育,2012(01):20-21.

[22]陈晓诗,陈小慧.应用型本科院校应如何构建三位一体的创新创业教育实践平台[J].才智,2019(20):164.

[23]宋霖林,田彦平.关于制作第三次国土调查举证图斑信息表技术改进流程的分析[J].经纬天地,2020(01):5-8.

[24]杜国平.原型建筑结构教学模型研制[D].浙江工业大学,2011.

[25]阮观强.技术应用型实验室建设的初步研究与思考[J].课程教育研究,2014,(11):223-224.

[26]赖富强.勘查技术与工程专业测井生产实习虚拟仿真实验项目建设初探[J].科教导刊,2019(19):56-57.

[27]刘枣.应用信息化技术推动高校"互联网+"实验教学改革[J].教育教学论坛,2020(22):208-209.

[28]施良耀.虚拟仿真技术对土木工程实习的影响[J].居业,2019(1):89,91.

[29]董兆仁.虚拟仿真在职业教育土木工程施工教学中的应用[J].中国高新区,2018(19):95.

[30]杨焓.新工科背景下应用型高校土木工程课程群构建[J].韶关学院学报(自然科学),2020,41(03):96-100.

[31]李震.面向应用型创新人才培养的房屋建筑学教学法探析[J].安徽建筑,2012,19(03):52-60.

[32]秦迎梅,车艳秋,韩春晓,等.测控技术与仪器专业产教融合的探索[J].教育教学论坛,2017(45):268-269.

[33]刘敏,李爽.高校立德树人工作贯穿高校社团建设发展的思考[J].科技风,2020(16):260.

[34]宋光海.学科竞赛对大学生综合素质培养的积极作用[J].文教资料,2012(09):132-133.

[35]谢伟,张一博,张健,等.基于学科竞赛的土木类专业综合素质培养总结分析——以大学生结构设计竞赛为例[J].教育教学论坛,2020(04):77-79.

[36]赵英娜.学科竞赛促进教学改革与创新实践能力培养的探讨[J].中国电力教育,2014(12):131-132.

[37]曹卫锋.双创教育与专业教育有机融合的人才培养模式研究与探索[J].中国教育技术装备,2018,(16):12-15.